Alibaba Group 阿里巴巴集团 | 技术丛书 阿里云 数字新基建系列

云原生操作系统 Kubernetes

罗建龙 刘中巍 张 城 黄 珂
苏 夏 高相林 盛训杰 著

電子工業出版社
Publishing House of Electronics Industry
北京•BEIJING

内容简介

阿里云数字新基建系列包括5本书，题材涉及Kubernetes、混合云架构、云数据库、CDN原理与流媒体技术、云服务器运维（Windows），囊括了领先的云技术知识与阿里云技术团队独到的实践经验，是国内IT技术图书中又一套重磅作品！

本书是阿里云容器服务产品线上实践的技术沉淀，主要包括理论篇和实践篇两部分内容。理论篇注重理论介绍，核心是Kubernetes on Cloud，即着重介绍Kubernetes和阿里云产品的结合。实践篇是疑难问题的诊断案例，希望通过案例来和读者分享Kubernetes深度问题诊断经验。

我们相信，Kubernetes on Cloud是未来十年云原生应用的底座，在这个底座之上势必会产生无数创新和实践，所以我们希望这本书可以对此技术的发展产生些许推动作用。

图书在版编目（CIP）数据

云原生操作系统Kubernetes / 罗建龙等著. —北京：电子工业出版社，2021.1
（阿里云数字新基建系列）
ISBN 978-7-121-39947-3

Ⅰ. ①云… Ⅱ. ①罗… Ⅲ. ①Linux操作系统－程序设计 Ⅳ. ①TP316.85

中国版本图书馆CIP数据核字（2020）第224804号

责任编辑：张彦红
印　　刷：天津千鹤文化传播有限公司
装　　订：天津千鹤文化传播有限公司
出版发行：电子工业出版社
　　　　　北京市海淀区万寿路173信箱　　邮编 100036
开　　本：720×1 000　1/16　　印张：14.75　　字数：260千字
版　　次：2021年1月第1版
印　　次：2021年1月第1次印刷
印　　数：5000册　　定价：69.00元

凡所购买电子工业出版社图书有缺损问题，请向购买书店调换。若书店售缺，请与本社发行部联系，联系及邮购电话：（010）88254888，88258888。

质量投诉请发邮件至zlts@phei.com.cn，盗版侵权举报请发邮件至dbqq@phei.com.cn。

本书咨询联系方式：（010）51260888-819，faq@phei.com.cn。

本书编委会

顾　　问：李　津、刘湘雯、刘　松、沈乘黄、张　卓、孟晋宇

主　　编：万谊平

执行主编：江　冉、张　雯

策　　划：周裕峰

撰写

罗建龙、刘中巍、张　城、黄　珂、苏　夏、高相林、盛训杰

特别感谢

易　立、王　旭、郭雪梅、宿　宸、刘　明、宋欢欢、李娅莉、王佩杰、朱智敏、李若冰、张彦红、高丽阳、李　玲、陈歆懿、杨中兴、王　一、李　薇、王功瑾、张　童

推荐语

在阿里云智能技术发展过程中，阿里云和我们的伙伴、客户都会碰到非常多的技术理论和实践场景，其中 Kubernetes 是在云原生环境下为大家熟知的开源技术，应用范围非常广泛。本书聚焦在体系化的案例分享，结合云计算的各种环境和应用部署优化，期望能帮助大家对云原生环境中的 Kubernetes 有更多的理解和创新。

李津

阿里云智能副总裁，全球技术服务部总经理

5G、AI 等新技术的突破，使云计算的应用进入了一个全新阶段，云计算从以提供数据存储和互联网服务为主，到成为人机共融和万物互联的基础设施。传统 IT 基础设施存在可靠性、伸缩性、灵活性、环境依赖、系统性能、运维成本等方面的诸多缺点，而以 Kubernetes 为代表的云原生基础设施则给这一系列问题提供了“杀手”级的解决方案。本书系统地介绍了阿里云构建的云原生操作系统，是各类云原生应用的基石，对推动数字新基建具有重要的参考价值。

侯迪波

浙江大学控制科学与工程学院教授

在过去的发展中，我们看到互联网公司牵引着技术从小型机、X86 架构、分布式、微服务，一路升级到今天的云计算、容器化，而这些新技术在互联网公司得到验证后，又被更多的企业采用，极大地提升了效率和稳定性。今天，我们也希望把在 Kubernetes 领域的一些经验分享给大家，让更多的公司能享受新技术的红利，让更多技术人工作更轻松，为更多客户提供更好的服务体验。

沈乘黄

阿里云智能全球技术服务部总监

如何更好地拥抱云计算、用技术加速创新，将成为企业数字化转型升级成功的关键。以容器为代表的云原生技术，已经成为释放云价值的最短路径。越来越多的企业在利用开放的、标准化的容器技术来构建新一代企业应用平台，推动企业 IT 基础设施云化和应用架构互联网化升级。如今，Kubernetes 已经成为云时代操作系统，越来越多的应用受益于 Kubernetes 平台带来的自动化运维、弹性和可移植性。然而在 CNCF 于 2019 年发布的中国云原生调查报告中，复杂性被 53%的受访者称为最大挑战。Kubernetes 技术的企业落地，也离不开专业化的产品和技术服务支撑。阿里云全球技术服务部团队在支持企业架构云原生化方面，积累了丰富的实战经验，服务了数万个国内外企业客户。本书系统化地介绍了企业客户在使用容器技术中关注的技术要点，内容也很生动具体，非常接地气，非常有实战价值，可以帮助读者更好地实现云原生技术创新企业落地的梦想。

易立

阿里云智能容器服务负责人

随着数字新基建的不断深入，信息技术基础设施已经成为企业在数字化转型浪潮中的核心竞争力。为了应对快速变化的市场，传统的单体应用架构快速向敏捷的微服务架构进化，而容器正是微服务的载体。阿里云全球技术服务部将容器编排系统 Kubernetes（云原生操作系统）的技术原理与客户疑难诊断案例结合，希望帮助广大企业在云原生技术落地的进程中做好充分的技术准备，使数字化转型价值最大化。

万谊平

阿里云智能公共云专家服务负责人

前言

这是一个人们对上云已经有了共识，但是对怎么样上好云还在深入讨论和探索的新阶段。

在上云之后，我们会遇到一些典型的问题，比如怎么样使用云服务器的问题。如果我们把多个业务混合部署在云服务器上，这些业务可能会因为使用了不同版本的库文件出现兼容性问题；而如果我们让每个业务实例独享一个云服务器，又会有明显的资源碎片问题。

包括了容器、编排调度、服务网格、持续集成交付（CICD）等在内的云原生技术，是“上好云”这个新阶段的核心技术，也是解决“上好云”这个问题的最佳实践策略和方法论。

作为本书的开篇，我们希望在序章部分交代清楚几件事情：

（1）多角度下的云原生“操作系统”——Kubernetes 的基本理论；（2）学习和研究 Kubernetes 的方法；（3）本书的成书背景。

什么是 Kubernetes

我们来看一下什么是 Kubernetes。在这一部分，我们会从四个角度和大家分享我们的看法。

第一个角度，未来是什么样的

图 0-1 是一张未来企业的 IT 基础设施架构图。简单来说，未来基本上所有的企业都会把 IT 基础设施部署在云上，用户会基于 Kubernetes 把底层云资源分割成具体的集群单元，给不同的业务使用。

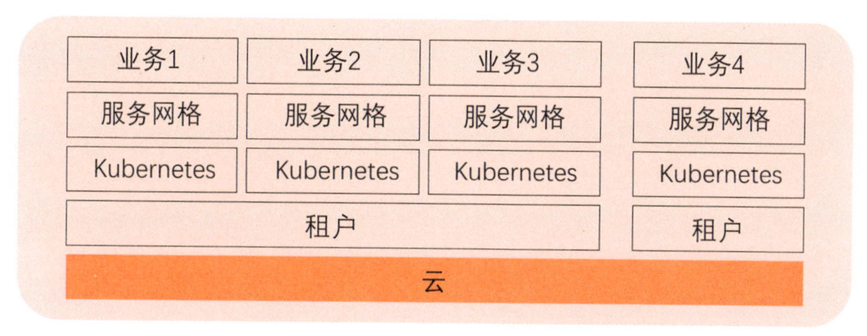

图 0-1　未来企业的 IT 基础设施架构

之后，随着业务微服务化的落地，服务治理会越来越重要。像服务网格这类把服务治理逻辑下沉到基础设施层的思路，势必成为下一个趋势。

目前，阿里巴巴几乎所有的业务都“跑”在云上，其中一大半业务已经迁移到了内部定制版的 Kubernetes 集群上，而且这个比例还在迅速增加中。

对于服务网格技术来说，一些企业（比如蚂蚁集团）其实已经有线上业务在使用了。大家可以通过蚂蚁集团一些技术专家的公开分享来了解他们的实践过程。

虽然这张图里的观点可能有一些绝对，但是目前这个趋势是非常明显的。未来几年，Kubernetes 肯定会像 Linux 一样，作为集群的操作系统无处不在。

第二个角度，Kubernetes 与操作系统

图 0-2 是传统操作系统（单机操作系统）和云原生操作系统（集群操作系统）的比较图。大家知道，像 Linux 或者 Windows 这些传统的操作系统，它们扮演的角色是底层硬件的抽象层。它们向下管理计算机硬件，如内存和 CPU，然后把底层硬件抽象成易用的接口，向上对应用层提供支持。

而 Kubernetes 技术，我们也可以理解为一个操作系统。这个操作系统也是一个抽象层。它向下管理的硬件，不是内存或者 CPU 这种硬件，而是多台计算机组成的集群。这些计算机本身就是普通的单机系统，有自己的操作系统和硬件。Kubernetes 把这些计算机当成一个资源池统一管理，向上对应用层提供支撑。

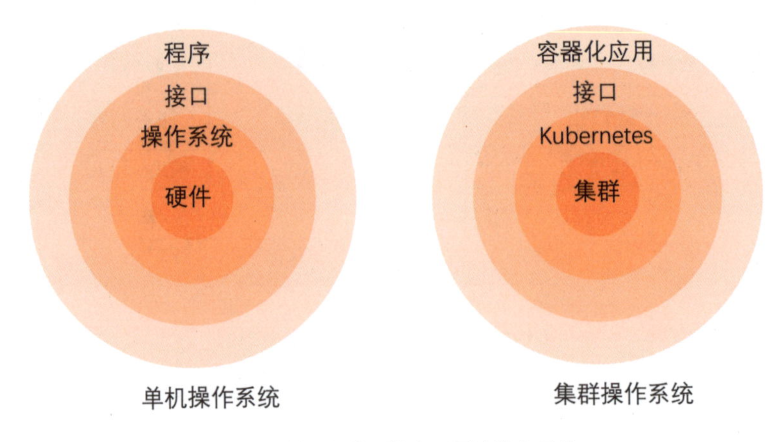

图 0-2 传统操作系统与云原生操作系统

Kubernetes 上的应用的特别之处在于，它们都是容器化应用。对容器不太了解的读者，可以简单地把它们理解成安装包。安装包里包括了所有的依赖库，如 libc 函数库等，使得这些应用不必依赖底层操作系统库文件就可以直接运行。

第三个角度，Kubernetes 与 Google 运维解密

图 0-3 的左边是 Kubernetes 集群示意图，右边是一本非常有名的书《SRE Google 运维解密》。相信很多人都看过这本书，而且有很多公司正在实践这本书里的方法，如故障管理、运维排班等。

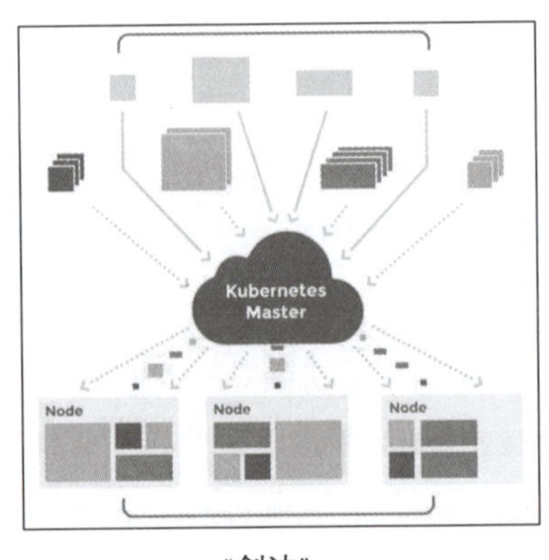

“剑法”　　“气功”

图 0-3 Kubernetes 集群与《SRE Google 运维解密》

Kubernetes 和这本书的关系，可以比作剑法和气功的关系。读者看过金庸

的《笑傲江湖》的话，可能会记得，《笑傲江湖》里的华山派分为两个派别，剑宗和气宗。

剑宗强调剑法的精妙，而气宗更注重气功修炼。实际上剑宗和气宗的“分家”，是因为华山派两个弟子偷学了同一本《葵花宝典》，但是两个人各记了一部分内容，最终因为观点分歧分成了两派。

Kubernetes 实际上源自 Google 的集群自动化管理和调度系统 Borg，也就是这本书里讲的运维方法所管理的对象。Borg 系统和书里讲的方法论，可以被看作一件事情的两个方面。如果一个公司只学习他们的运维方法（比如设了很多 SRE 职位）而不懂这套方法所管理的对象，其实就是学习《葵花宝典》，但是只学了一部分。

Borg 因为是 Google 内部的系统，所以一般人是看不到的，而 Kubernetes 基本上继承了 Borg 在集群自动化管理方面非常核心的一些理念。所以大家如果看了这本书，觉得非常有参考价值，或者已经在实践这本书里的方法，就一定要深入理解 Kubernetes。

第四个角度，技术演进史

在早期，我们做一个网站后端，可能只需要把所有的模块放在一个可执行文件里，就如同图 0-4 中第一个架构图一样。网站后端包括界面、数据和业务三个模块，这三个模块被编译成一个可执行文件，“跑”在一台服务器上。

但是随着业务的大幅增长，我们没有办法通过升级服务器配置的方式来使后端扩容，这时候我们就必须做微服务了。

微服务会把单体应用拆分成低耦合的小应用。这些应用各自负责一块相对独立的业务，每个小应用实例独占一台服务器，它们之间通过网络互相调用。这就是图 0-4 中第二个架构图的模式。

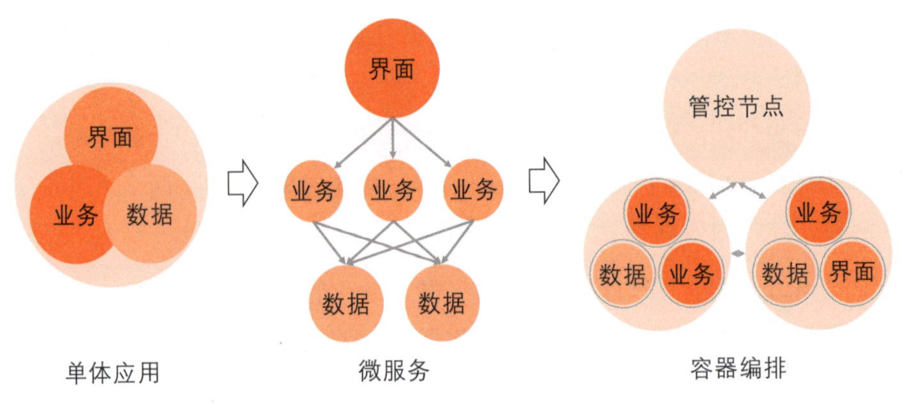

图 0-4　网站后端技术演进史

这里最关键的是，我们可以通过增加实例个数，来对小应用做横向扩容。这就解决了单台服务器无法扩容的问题。

微服务之后会出现一个问题，就是一个实例独占一台服务器的问题，这种部署方式的资源浪费其实是比较严重的。这时我们自然会想到，把这些实例混合部署到底层服务器上。

但是混合部署会引出两个新问题。一个是依赖库兼容性问题，这些应用依赖的库文件版本可能完全不一样，安装到一个操作系统里，就会有兼容性问题；另一个问题是应用调度和集群资源管理的问题，比如一个新的应用被创建出来，我们需要考虑这个应用被调度到哪台服务器，以及调度之后资源够不够用的问题。

依赖库兼容性问题，实际上是靠容器化来解决的，也就是每个应用自带依赖库，只跟其他应用共享内核，而调度和资源管理问题就是 Kubernetes 所要解决的问题。

所以整个架构最终会演变成图 0-4 中第三个架构图的模式。

如何学习 Kubernetes

我们会从三个方面总结我们的经验：一是为什么 Kubernetes 学习起来比较难，二是一些方法和建议，三是一个实际例子。

如图 0-5 所示，总体来说，之所以 Kubernetes 门槛比较高，学习起来比较困难，一个原因是它的技术栈非常深，包括内核和系统，以及虚拟化、容器技术、网络、存储、安全，甚至可信计算等，绝对可以称得上全栈技术。

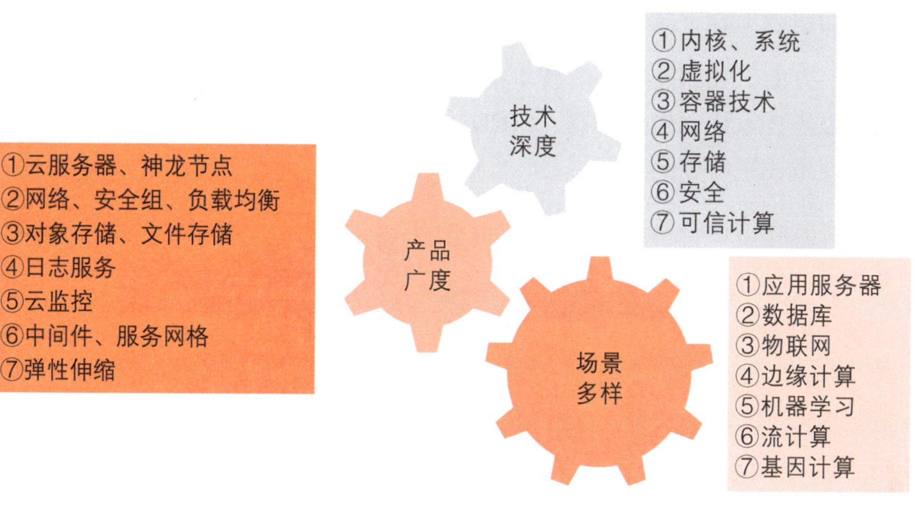

图 0-5 Kubernetes 学习难度

同时，Kubernetes 在云环境中的实现，肯定会涉及非常多的云产品，比如在阿里云上，Kubernetes 集群的实现用到了云服务器、虚拟网络、负载均衡、安全组、日志服务、云监控、ahas 和 arms 等中间件产品、服务网格、弹性伸缩等。

最后，因为 Kubernetes 是一个通用的计算平台，所以它会被用到各种业务场景中去，比如数据库、边缘计算、机器学习、流计算等。

基于我们的经验，学习 Kubernetes 需要从了解、动手、思考三个方面去把握，如图 0-6 所示。

了解（演进、全景）

动手（研究、诊断）

思考（简化、类比）

图 0-6 学习 Kubernetes 的三个步骤

首先，了解其实很重要，特别是了解技术的演进史，以及技术的全景图。

一方面，我们需要知道各种技术的演进历史，比如容器技术是怎么从 chroot 这个命令发展而来的，以及技术演进背后要解决的问题是什么，只有知道技术的演进史和发展的动力，我们才能对未来技术方向有自己的判断。

另一方面，我们需要了解技术全景图。对 Kubernetes 来说，我们需要了解整个云原生技术栈，包括容器、CICD、微服务、服务网格等，知道 Kubernetes 在整个技术栈里所处的位置。

其次，除了这些基本的背景知识以外，学习 Kubernetes 技术，动手实践是非常关键的。

从我们和大量工程师一起解决问题的经验来说，很多人其实不会去深入研究技术细节。我们经常开玩笑说工程师有两种，一种是 search engineer，就是搜索工程师，一种是 research engineer，就是研究工程师。很多工程师遇到问题，就用搜索引擎搜索一下，如果找不到答案，就直接请别人帮忙了。这样是很难深入理解一个技术的。

最后，就是怎么去思考，怎么去总结了。我们需要在理解技术细节之后，不断地问自己，细节的背后有没有什么更本质的东西。也就是我们要把复杂的细节看简单，然后找出普遍的模式来。

下面用一个例子来具体解释上面的方法。

这个例子是关于集群控制器的，如图 0-7 所示。我们在学习 Kubernetes 的时候会听到几个概念，像声明式 API、Operator、面向终态设计等。这些概念本质上都是在讲一件事情，就是控制器模式。

我们怎么来理解 Kubernetes 的控制器呢？请大家先看一下第一张图。这张图是一个经典的 Kubernetes 架构图，这张图里有集群 Master（管控）节点和 Worker（工作）节点，Master 节点上有中心数据库（Database）、集群接口（API Server）、调度器（Scheduler）以及各类控制器（Controller）。

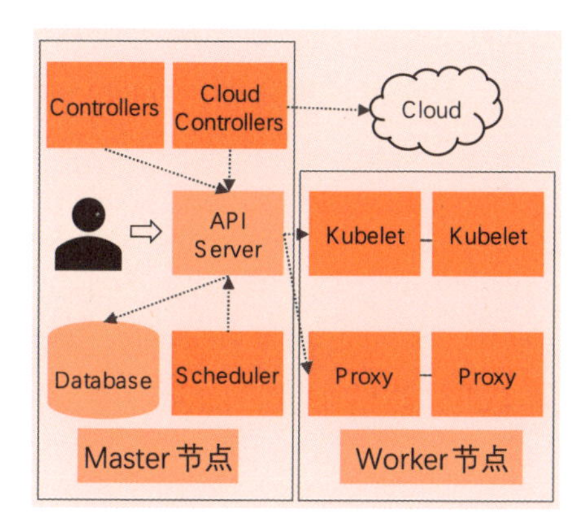

架构

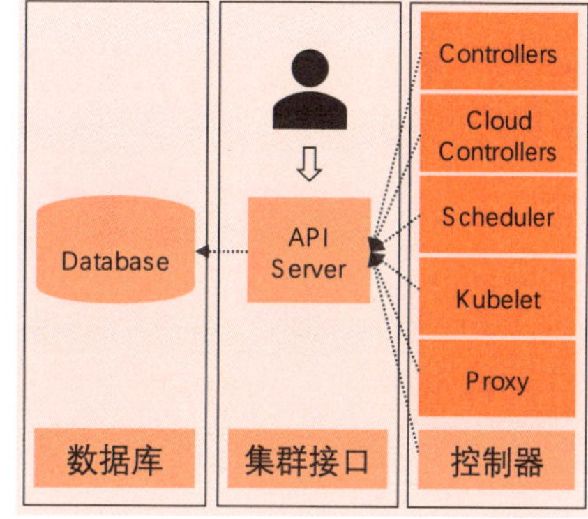

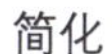
简化

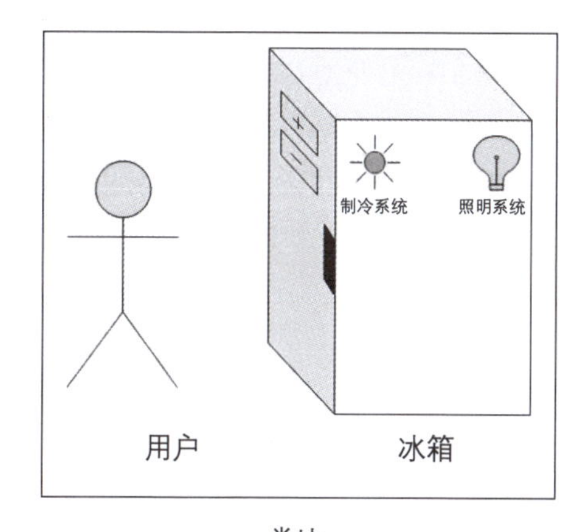

类比

图 0-7　深入理解集群控制器原理

中心数据库是集群的核心存储系统，API Server 是集群的管控入口，调度器负责把应用调度到资源充沛的节点上，而控制器是我们这里要说的重点。

控制器的作用，我们用一句话概括，就是“让梦想照进现实”。从这个意义上来讲，我自己（罗建龙）也经常扮演控制器的角色，我女儿如果说，“爸爸，我要吃冰激凌”，那我女儿就是集群的用户，我就是负责把她这个愿望实现的人，也就是控制器。

除了 Master 节点以外，Kubernetes 集群有很多 Worker 节点，这些节点都部署了 Kubelet 和 Proxy 这两个代理。Kubelet 负责管理 Worker 节点，包括应用在节点上启动和停止之类的工作。Proxy 负责把服务的定义落实成具体的 iptables 或者 ipvs 规则。其实这里服务的概念，简单来说就是利用 iptables 或者 ipvs 来实现负载均衡。

如果从控制器的角度来看第一张图的话，我们就会得到第二张图。也就是说，集群实际上就包括一个数据库、一个集群入口，以及很多个控制器。这些组件，包括调度器、Kubelet 和 Proxy 在内，实际上都是在不断地观察集群里各种资源的定义，然后把这些定义落实成具体的配置，比如容器启动或 iptables 配置。

从控制器的角度观察 Kubernetes，我们其实得到了 Kubernetes 最根本的一条原理，就是 Kubernetes 是按照控制器模式运行的。

控制器模式在我们的生活中无处不在，这里我拿冰箱举个例子。我们在控制冰箱的时候，并不会直接去控制冰箱里的制冷系统或者照明系统。我们打开冰箱的时候，里边的灯会打开，在我们设置了想要的温度之后，就算我们不在家，制冷系统也会一直保持这个温度。这背后就是因为有控制器模式在起作用。

关于本书

本书是阿里云容器服务 Kubernetes（Alibaba Cloud Container Service for Kubernetes，缩写为 ACK）云上实践的技术结晶，主要包括两部分内容。一部分是以技术进阶为主题的理论篇，另一部分是以案例分析为主题的实践篇。

本书总结起来有三个特点：第一个是创新性地阐述了 Kubernetes 的一些核心原理，第二个是有阿里云线上真实案例诊断集锦，第三个是首创了一些 Kubernetes 诊断方法和调试方法。

首先，我们的一项重要工作是技术服务，我们需要用创新的方式，把一些生涩难懂的技术解释给用户听。这本书中对技术的解释是比较形象也比较易懂的。

其次，我们每天都在处理疑难、复杂的问题。部分问题因为复现概率极小，可能需要几个月才出现一次。这样的问题也只有在阿里云这样的大平台上才有机会复现和诊断出结果。这本书就包括了一些这样的案例。

最后，这本书里的案例分析，肯定会涉及多个 Kubernetes 组件，以及针对这些组件问题的调试方法，读者一般不能在其他地方看到这些方法。

致谢

首先，感谢阿里云数字新基建系列丛书的编委会，包括李津、刘湘雯、沈乘黄、刘松、孟晋宇、张小亮、万谊平、宋欢欢、周裕峰、郭雪梅、宿宸、刘明、李娅莉、王佩杰、朱智敏、李若冰、解国红、江冉、王超、张雯。同时感谢所有在本书撰写、编辑和出版过程中给予过帮助的同事，包括阿里云全球技术服务部的冯明星、杨岳林、盛梦晓，基础产品事业部的易立、汤志敏、王炳燊、谢瑶瑶、阚俊宝、王夕宁、谢于宁、匡大虎、孟小兵、陈全照、萧元、张良、王蓉、姜曦，蚂蚁集团的王旭。没有你们的输入和智慧，书中的内容不可能被整理成册。

其次，感谢阿里巴巴技术委员会的导师们，你们的技术视野和技术领导力，是促进本书成册的主要力量。

最后，感谢电子工业出版社的张彦红编辑和高丽阳编辑，没有你们专业的指导和持续的推进，这本书中的内容也不会以图书的形式与读者见面。

特别感谢本丛书设计师李玲，她把“上云”与“迁徙”联系在一起，才有了本丛书以“迁徙”为主题的设计方案。

目录

上篇　理论篇（技术进阶）

第 1 章　鸟瞰云上 Kubernetes

第 2 章　认识集群的大脑

第 3 章 网络与通信原理

第 4 章 节点伸缩的实现

第 5 章 认证与调度系统

第 6 章 简洁的服务模型

第 7 章 监控与弹性能力

第 8 章 镜像下载自动化

第 9 章 日志服务的集成

第 10 章 集群与存储系统

第 11 章 流量路由 Ingress

第 12 章 升级设计与实现

下篇 实践篇（诊断之美）

第 13 章 节点就绪状态异常（一）

第 16 章 网络安全组加固对与错

第 17 章 网格应用存活状态异常

第 18 章　网格自签名根证书过期

读者服务

微信扫码回复：39947

- 随书附赠免费云资源，提供真实云环境和相关实践场景
- 加入本书读者交流群，与作者互动
- 获取各种共享文档、线上直播、技术分享等免费资源
- 获取博文视点学院在线课程、电子书 20 元代金券

上篇

理论篇（技术进阶）

第 1 章

鸟瞰云上 Kubernetes

云原生本质上是一套让用户用好云的技术栈。从目前的发展情况来看，Kubernetes on Cloud 是这套技术栈的主框架。这里的 Kubernetes on Cloud，说的是各个云厂商基于自己的云产品和开源 Kubernetes 软件实现的容器集群产品。

这些容器集群产品，以云服务器为节点，基于专有网络实现集群网络，依靠弹性伸缩实现节点伸缩等，从而吸收了云的弹性和 Kubernetes 的自动化运维等属性，给用户带来一加一大于二的资源优势和人效优势。

阿里云的容器服务 Kubernetes 就是这样的产品。本章将从全景视野角度，以阿里云的实现为范本，总结云上 Kubernetes 的组成原理。本章不会囊括所有的组件细节，只会鸟瞰全局并总结技术要点。

1.1 内容概要

从整体架构上来看，我们可以把阿里云 Kubernetes 集群分为四层结构，如图 1-1 所示。自下而上分别是云资源层、单机系统层、集群系统层，以及功能扩展层。

云资源层包括集群使用的所有云资源，这也是需要用户付费的一层；单机系统层包括节点的操作系统和容器运行时；集群系统层包括 Kubernetes 系统组件以及插件；最上面的功能扩展层，是基于下部的三层资源，并依靠一些特殊功能组件而实现的对集群功能的扩展。

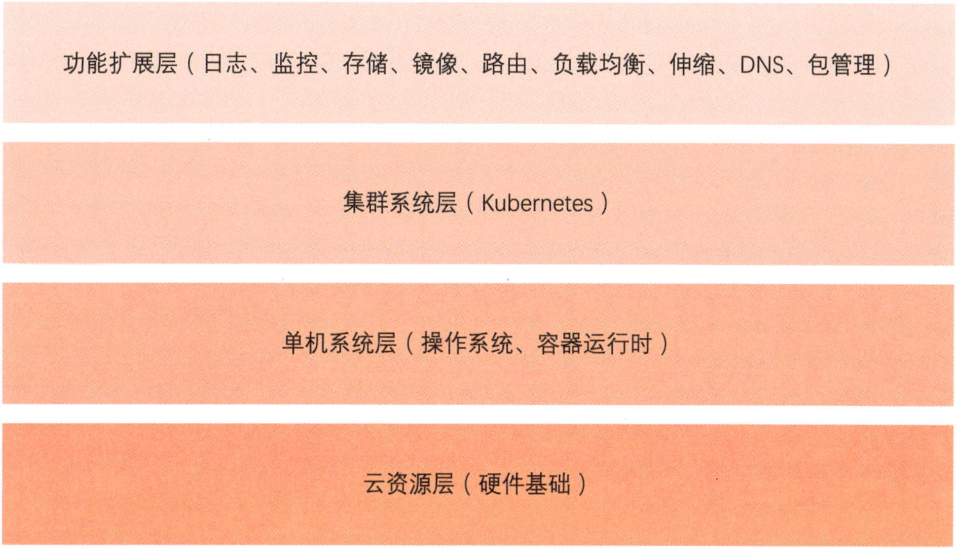

功能扩展层（日志、监控、存储、镜像、路由、负载均衡、伸缩、DNS、包管理）

集群系统层（Kubernetes）

单机系统层（操作系统、容器运行时）

云资源层（硬件基础）

图 1-1　阿里云 Kubernetes 集群分层结构

1.2　云资源层

云资源层和云上 Kubernetes 之间的关系，相当于计算机硬件与操作系统之间的关系。云资源层为 Kubernetes 提供了有弹性优势的软硬件基础，如云服务器、安全组、专有网络、负载均衡、资源编排等。

从本质上来说，Kubernetes 本身并不提供任何计算、网络或存储资源，它仅仅是这些底层资源的封装。

容器集群对底层资源封装的程度，在不同厂商的实现中，可能完全不同。以阿里云为例，用户除了可以通过容器服务的接口使用集群外，还可以通过底层资源的接口（如负载均衡控制台）来对集群底层资源做操作。但是这种操作具有一定程度的风险，如无必要，不要直接操作底层资源。

在以下三节中，我们分别看一下阿里云容器集群三种形态的组成原理，包括专有版、托管版及 Serverless 版。

1.2.1 专有版

首先是资源管理。专有版集群使用了多种云资源，如图 1-2 所示。在实现的时候，我们可以选择使用编码的方式来管理这些资源实例的生命周期，但这显然是低效的。阿里云的选择是，以资源编排（ROS）模板为基础，结合用户自定义配置来统一管理底层资源。

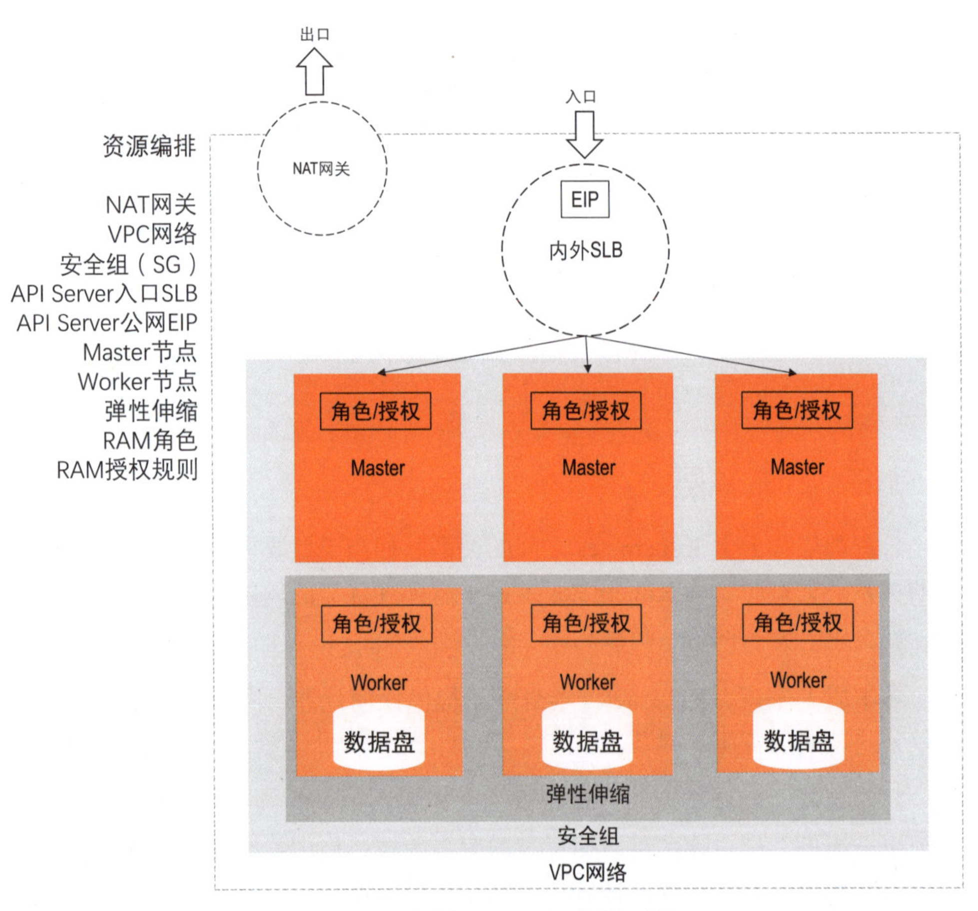

图 1-2 阿里云专有版 Kubernetes 集群组成原理

其次是集群网络。专有版集群在被创建之初，就被指定了专有网络 VPC

的配置，如节点网段等。VPC 实例被创建之后，其他所有集群资源，都必然和这个 VPC 实例相关联。VPC 的安全组，在这里扮演着集群网络的防火墙角色。

再次是计算资源。集群在默认情况下会创建三个云服务器作为管控节点，同时集群会根据用户的需求，创建若干云服务器作为集群的 Worker 节点。这些 Worker 节点与弹性伸缩实例绑定，以实现节点伸缩功能。集群节点和 RAM（访问控制）的角色绑定，以授权集群内部组件访问其他云资源。另外，集群节点可以挂载云盘并以本地存储形式来使用。

最后是接口实现。集群使用 NAT 网关作为集群默认的网络出口，使用 SLB（负载均衡）作为集群的入口，这包括 API Server 入口，以及图中未包括的 Service 的入口。

1.2.2　托管版

托管版集群在资源管理、集群网络、Worker 节点，以及接口实现方面，基本上采用了与专有版集群相同的实现方法。

托管版与专有版的第一个差别，在于管控组件方面。托管版集群的管控组件，是用户不可见的。这些组件以 Pod 的形式运行在专门的 Master 集群里，如图 1-3 所示。

这会引入一个非常核心的问题，就是位于 Master 集群里的 API Server Pod 与位于客户集群里的节点之间的通信问题。因为 Master 集群是阿里云生产账号创建的集群，所以这实际上是一个跨账号、跨 VPC 通信的问题。

解决方法是使用一种特殊的弹性网卡 ENI。这种网卡逻辑上位于客户集群所在的 VPC 里，所以可以和 VPC 里的节点通信，而物理上被安装在 API Server Pod 里，即位于 Master 集群里。这就完美解决了 API Server Pod 与托管版集群节点之间的通信问题。

1.2.3　Serverless 版

与前两种类型的集群相比，Serverless 版的实现要简单一些，可以看作前两种实现的简化版，如图 1-4 所示。

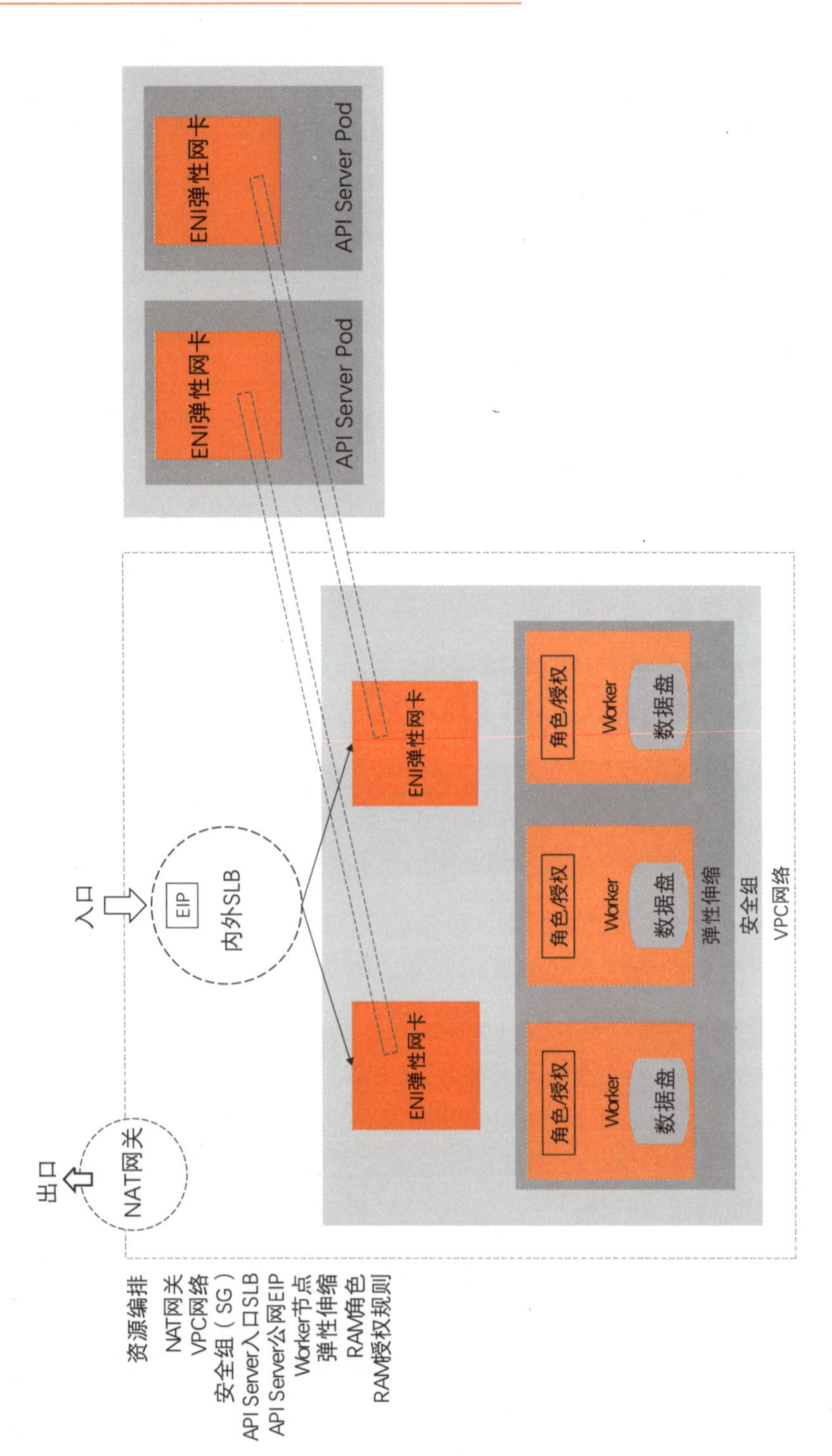

图 1-3 阿里云托管版 Kubernetes 集群组成原理

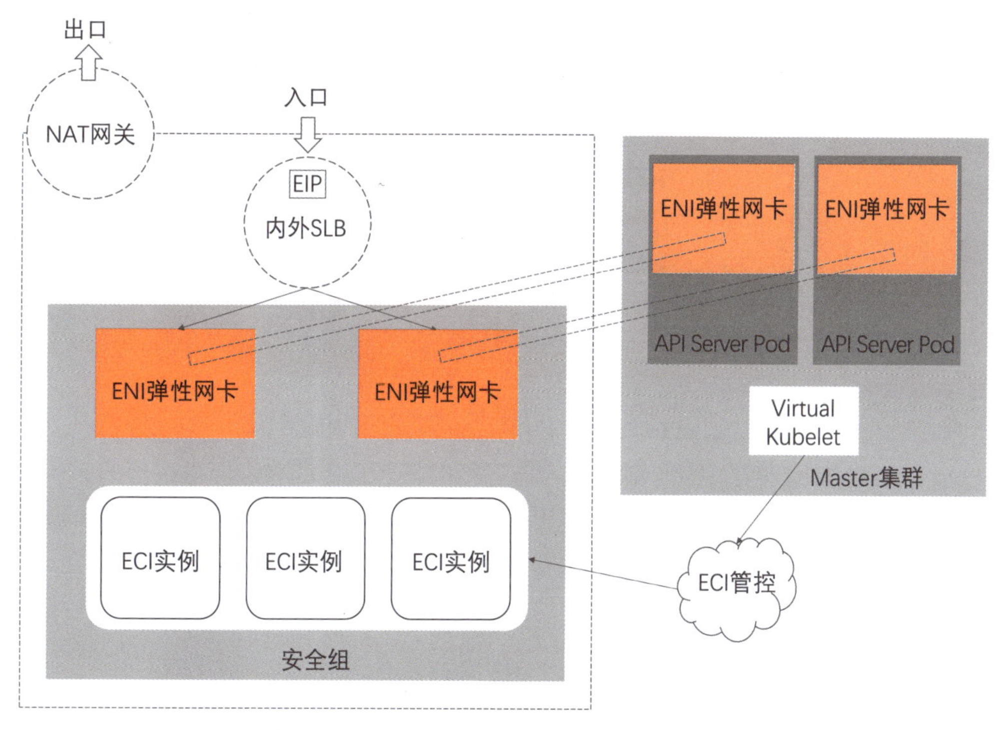

图 1-4　阿里云 Serverless 版 Kubernetes 集群组成原理

首先，Serverless 集群因为用到的云资源较少，且变化不大，所以我们直接通过编码的方式实现了资源管理。

其次，Serverless 使用 ECI（弹性容器实例）来运行 Pod，没有使用云服务器这样的计算资源。

最后，集群直接依靠运行于 Master 集群里的 Virtual Kubelet 来管理 ECI 实例。

1.3　单机系统层

单机系统层主要有两部分内容，分别是操作系统和容器运行时。从理论上来说，这两者的组合可以有很多变化，如 CentOS 和 Docker，Windows 和 Docker 等。阿里云单机系统层主要支持 CentOS 和 Windows 两种操作系统，以及Docker和安全沙箱两种容器运行时。Kubernetes集群单机系统层结构如图1-5所示。

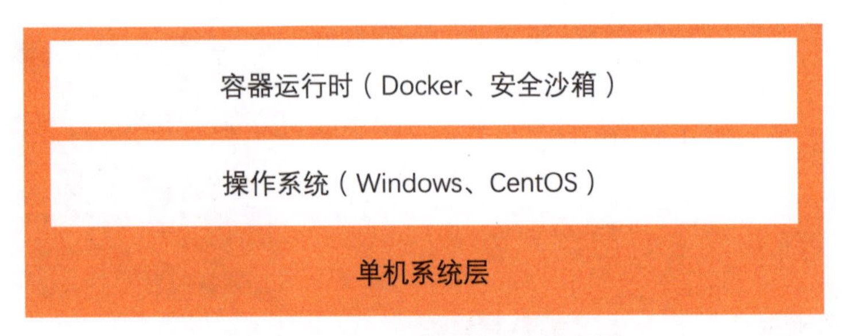

图 1-5　Kubernetes 集群单机系统层结构

从整体架构来看，操作系统和容器运行时比较简单直接，但是按经验来讲，如果这两部分出现问题，会极大地影响集群的整体稳定性。本书实践篇的前两个案例（第 13 章、第 14 章），是专门针对这两部分内容的。

1.4　集群系统层

集群系统层是指 Kubernetes 及其组件，比如网络组件 CNI、存储插件 FlexVolume 等。这部分内容，实际上是大部分工程师学习 Kubernetes 的起点，也是工程师相对比较熟悉的一部分内容。

为了适配云环境，以及支持百万级线上集群稳定运行，阿里云三种版本 Kubernetes 集群的实现，对原生的 Kubernetes 做了一些定制和改造。比如为了支持托管版和 Serverless 版，API Server 的形态和部署位置都做了调整。

1.4.1　专有版

总体上来说，集群系统层的组件和功能，在专有版集群里，体现在 Master 节点和 Worker 节点上。

在 Master 节点上，运行着集群中心数据库 Etcd，以及集群管控的三大件 API Server、Controller Manager 和 Scheduler，另外包括 Cloud Controller Manager 等定制组件。

在 Worker 节点上，运行着服务代理 Proxy、节点代理 Kubelet，以及网络插件和存储插件等自定义组件，如图 1-6 所示。

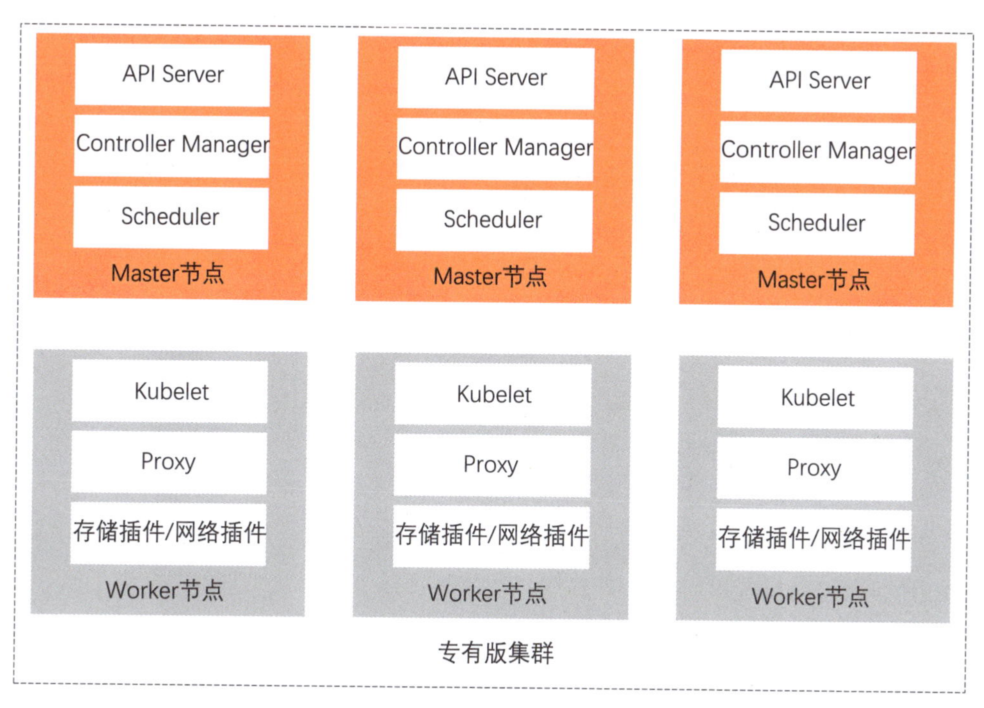

图 1-6　专有版集群系统层架构

1.4.2　托管版

在托管版集群的实现中，Kubernetes 管控三大件被封装成 Pod，运行在 Master 集群隔离的命名空间中，如图 1-7 所示。

Master 集群里混合部署了很多集群的管控三大件。我们通过主备 Pod 以及集群本身的高可用特性，保证用户集群管控三大件的高可用。

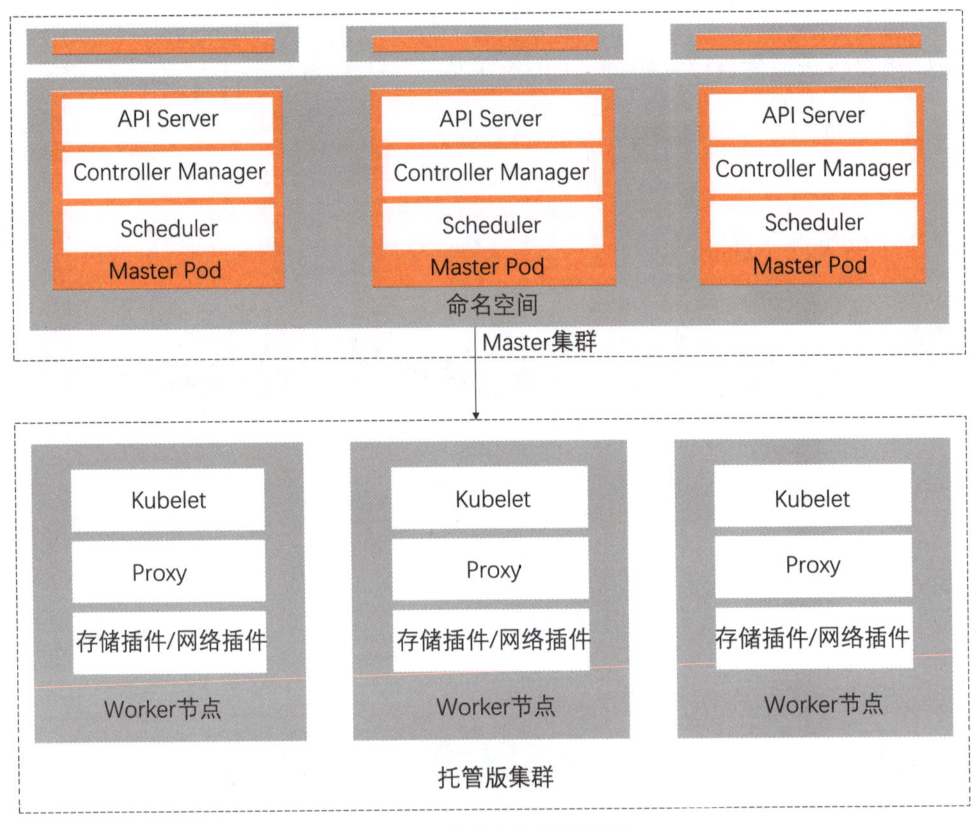

图 1-7　托管版集群系统层架构

1.4.3　Serverless 版

从集群系统层的角度来看 Serverless 版和托管版集群，两者的实现是非常类似的。如图 1-8 所示，Serverless 版也使用了 Master 集群，并以 Pod 的形式来管理集群的管控三大件。

不一样的地方在于，Serverless 版集群在 Master 集群里部署了 Virtual Kubelet 组件，这个组件会直接通过 ECI 编程接口来管理 ECI 实例生命周期，给 Pod 提供运行环境。

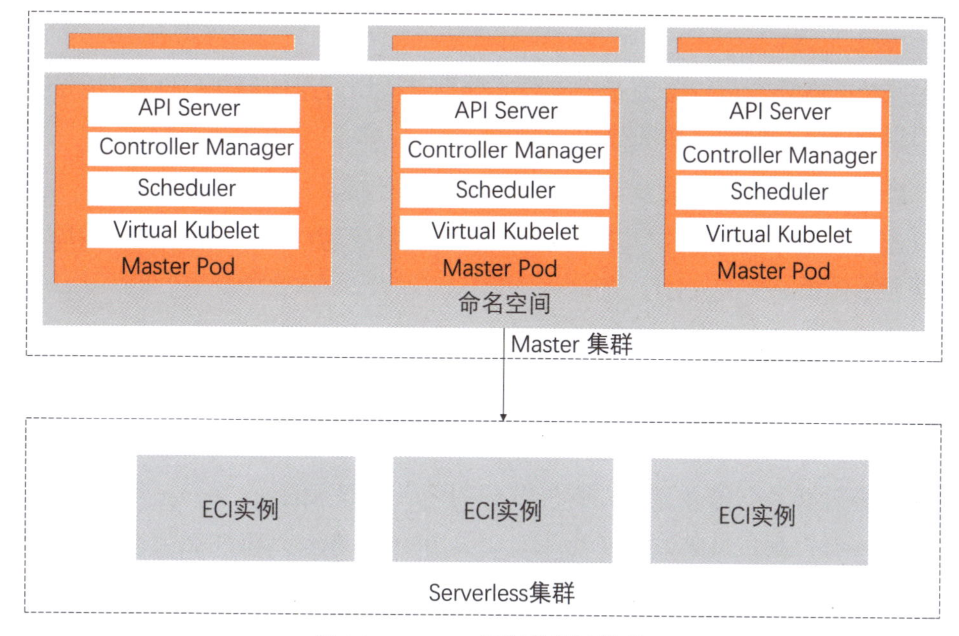

图 1-8　Serverless 版集群系统层架构

1.5　功能扩展层

功能扩展层是对包括日志、监控、存储、镜像、路由、负载均衡、伸缩、DNS 和包管理在内的，大量 Kubernetes on Cloud 集群扩展组件的合称。

如果没有功能扩展层，那么 Kubernetes 集群在云上的实现，基本上只能被称为 IaaS+，即没有从根本上改变用户使用底层云资源的方式。而有了不断丰富的功能扩展层，集群才不断地接近 PaaS。

大部分扩展组件都是基于某些云产品，同时采用自定义控制器的方式来实现的。比如监控扩展组件，就包括了云监控和监控控制器等部分。

这一节我们不会穷尽所有扩展组件，而是以监控、日志及 DNS 为例，总结功能扩展层的一般性规律和实现原理。

1.5.1 监控

监控的实现，可以分为三个阶段，分别是应用分组的创建、性能数据的收集，以及性能数据的上传和显示。

应用分组的创建，简单来说，就是运行在节点上的监控控制器通过云监控接口创建应用分组的操作。这个操作会在云监控里为集群中的应用创建对应的数据显示模板。

性能数据的收集有两个方面，一个是云监控插件对集群节点性能数据的收集，另一个是 Metrics Server 通过集群管控入口对集群 Pod 性能数据的收集。

性能数据的上传和显示，有三部分内容，一是 Metrics Server 将性能数据上传到集群控制台并使其显示出来，二是 Metrics Server 将性能数据上传到应用分组并使其显示出来，三是云监控插件将主机性能数据上传到云监控并使其显示出来。

阿里云 Kubernetes 集群监控系统如图 1-9 所示。

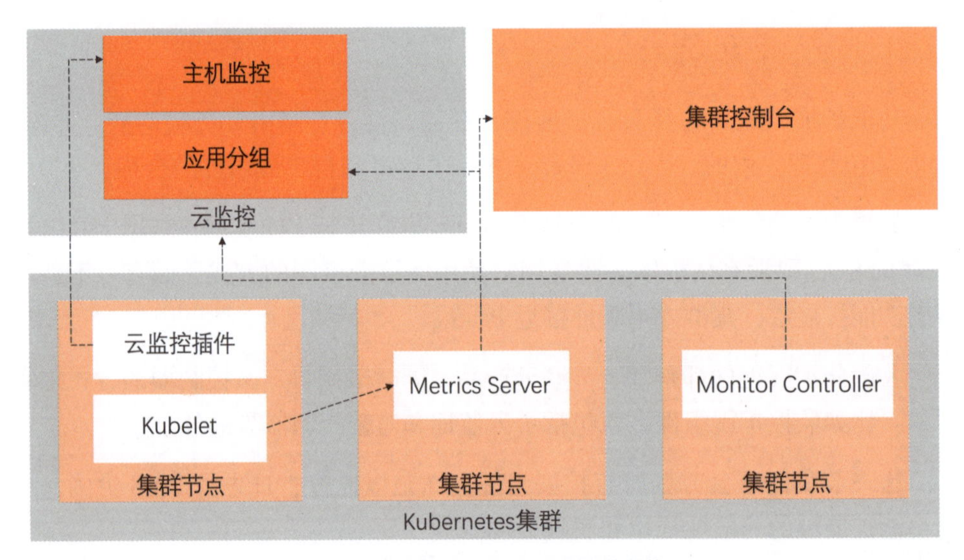

图 1-9 阿里云 Kubernetes 集群监控系统

1.5.2　日志

与监控扩展组件类似，阿里云 Kubernetes 集群的日志扩展组件，大体上也可以分为三个阶段，分别是组件部署阶段、日志配置阶段和日志收集阶段。阿里云 Kubernetes 集群日志系统如图 1-10 所示。

首先，在组件部署阶段，用户需要给集群安装日志控制器，包括实现的日志服务的扩展资源定义 CRD。

其次，在日志配置阶段，日志控制器会读取应用日志相关配置，并通过日志服务的云接口，创建对应的日志文件和配置。

最后，在日志收集阶段，日志收集工具 Logtail 会从容器文件或者标准输出中获取日志数据，并同步到日志服务。

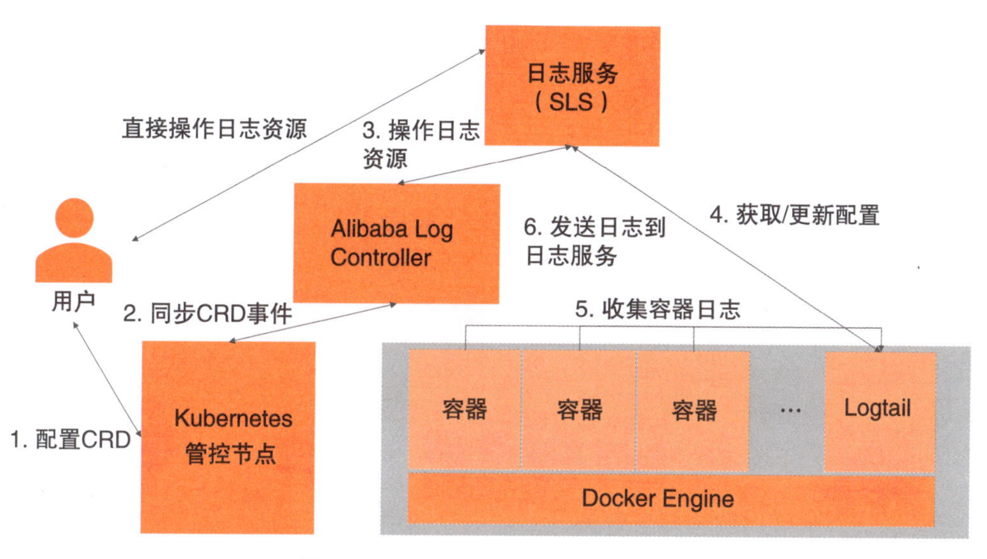

图 1-10　阿里云 Kubernetes 集群日志系统

1.5.3　DNS

集群对 DNS 的扩展实现，可以分两种情况，分别是基于 Core DNS 的实现和基于云解析 DNS 的实现。前一种实现适用于专有版和托管版集群，后一种实现适用于 Serverless 版集群。

基于 Core DNS 的域名解析服务，主要依靠两个机制形成的阶梯状的服务发现机制，具体实现参考图 1-11。

首先是 Kubernetes 服务发现机制。Core DNS 在收到 Pod 发出的域名解析请求的时候，第一步是去 Kubernetes 查询。

其次是云 DNS 服务。如果 Core DNS 从 Kubernetes 得到的响应是找不到对应的域名，则会进一步去云 DNS 服务查询。

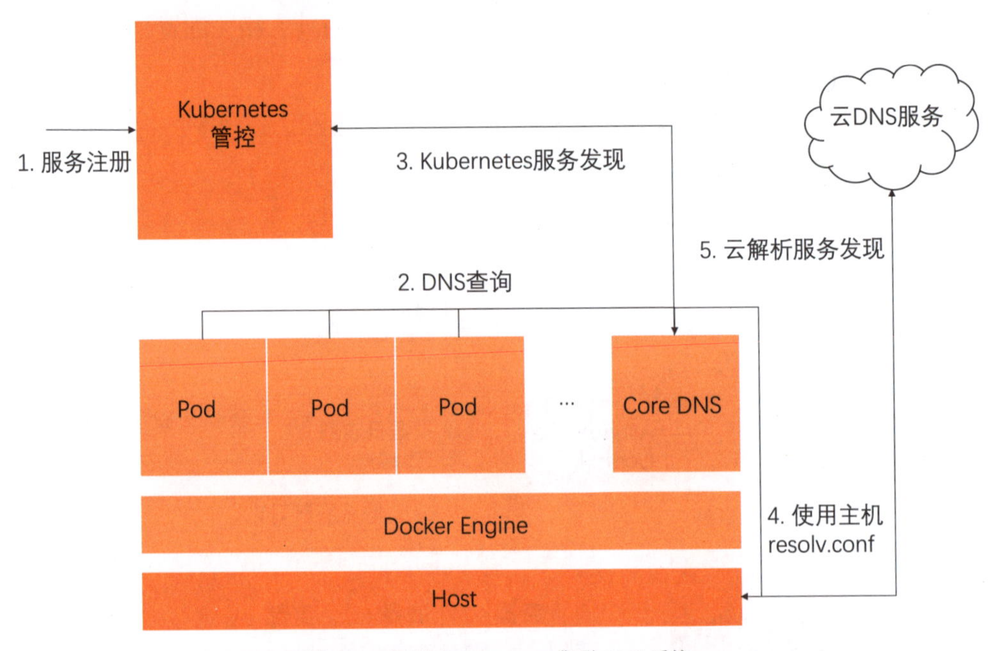

图 1-11　阿里云 Kubernetes 集群 DNS 系统

基于云解析的域名解析服务，主要依靠阿里云云解析产品来注册 Serverless 集群内服务域名。具体步骤如图 1-12 所示。

首先，在 Serverless 集群创建的时候，集群管控会为集群创建一个对应的 PrivateZone。

其次，在用户创建服务的时候，集群管控会为服务域名创建对应的 Private Zone 记录。

最后，在 Pod 尝试访问服务域名的时候，Pod 会直接通过云 DNS 服务来做域名解析，而域名解析所使用的数据，正是上一步创建的 Private 记录。

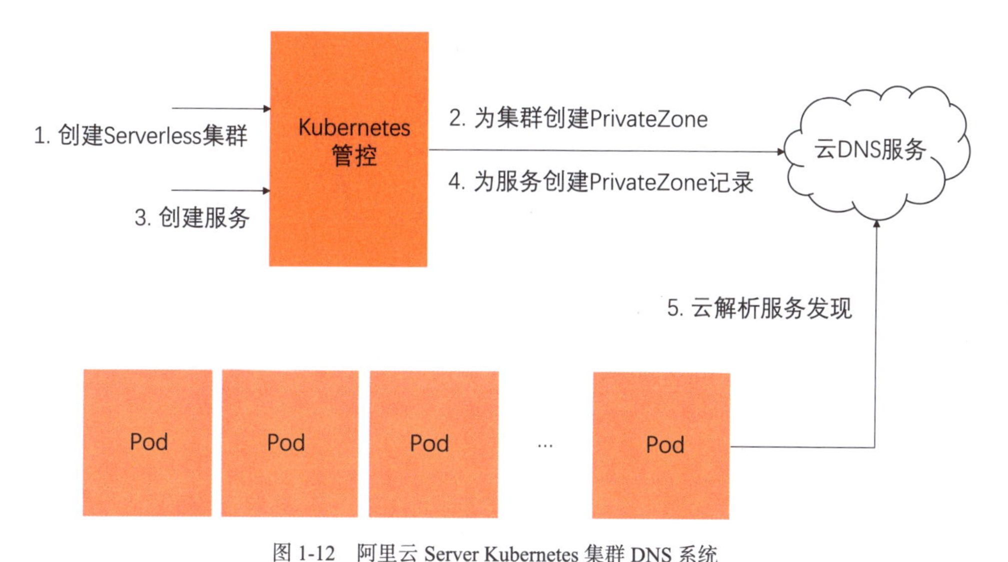

图 1-12　阿里云 Server Kubernetes 集群 DNS 系统

1.6　总结

总的来说，我们可以把 Kubernetes on Cloud 看作云原生技术栈的主框架，所有其他的扩展，包括服务网格等，都使这个主框架更加丰富。

本章以分层的方法，研究了 Kubernetes on Cloud 的组成原理，包括了云资源层、单机系统层、集群系统层，以及功能扩展层。我们的研究基于阿里云容器服务 Kubernetes 版。

希望通过对本章的学习，读者可以对集群的组成原理有宏观的认识。在后续章节中，我们会针对具体功能和组件，如控制器、网络、节点伸缩等做进一步探究。

第2章 认识集群的大脑

在云原生编排调度领域，Kubernetes 已然成了事实上的标准。

当我们尝试去理解 Kubernetes 工作原理的时候，控制器肯定是一个难点。我们经常听到的几个概念，如声明式 API、Operator、面向终态设计等，背后其实都是在讲一件事情，就是控制器模式。

Kubernetes 控制器模式不易理解，究其原因有两点：一是控制器有很多，具体实现大相径庭，逐一理解不太现实；二是控制器的实现用到了一些比较晦涩的机制，这些机制很难掌握。但是，我们又绕不开控制器模式，因为它是集群的大脑。

在本章中，我们通过分析一个简易冰箱的设计过程，来深入理解 Kubernetes 控制器的产生、演进，以及背后的逻辑。

2.1 从控制器视角看集群

在图 2-1 中，我们可以看到 Kubernetes 的简易架构。架构图包括了集群核心数据库 Etcd、调度器 Scheduler、集群入口 API Server、控制器 Controller、服务代理 Proxy，以及直接管理容器的节点代理 Kubelet。

从逻辑上来划分，这些组件可以被分为三个部分：核心组件 Etcd、对 Etcd 进行直接操作的入口组件 API Server，以及其他组件。这里的其他组件之所以可以被划分为一类，是因为它们都可以被看作集群的控制器。

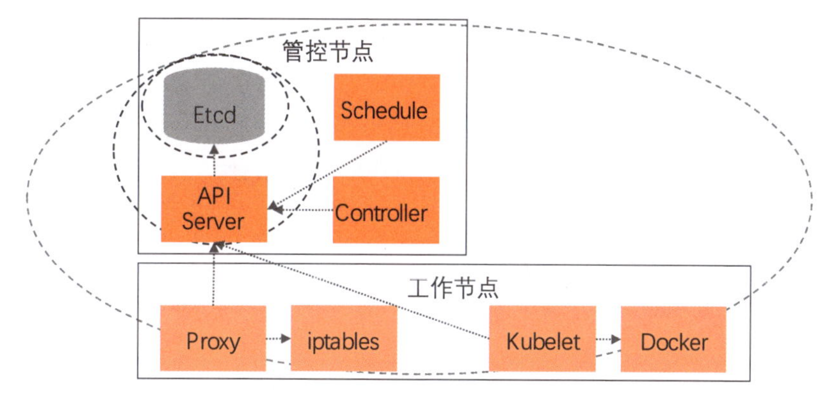

图 2-1　Kubernetes 简易架构图

2.2　控制器的产生与演进

虽然控制器是 Kubernetes 比较复杂的组件，但是控制器这个概念本身，对我们来说并不陌生。我们生活中使用的洗衣机、冰箱、空调等，都要有控制器才能正常工作。

在本节中我们通过思考一个简易冰箱的设计过程，来理解 Kubernetes 集群控制器的原理和实现。

2.2.1　设计一台冰箱

图 2-2 所示是一台简易的冰箱。冰箱包括五个组件，分别是箱体、制冷系统、照明系统、温控器和门。冰箱有两个典型使用场景：当有人打开冰箱门的时候，冰箱内的灯会自动开启；当有人调节温控器的时候，制冷系统会根据温度设置调节冰箱内的温度。

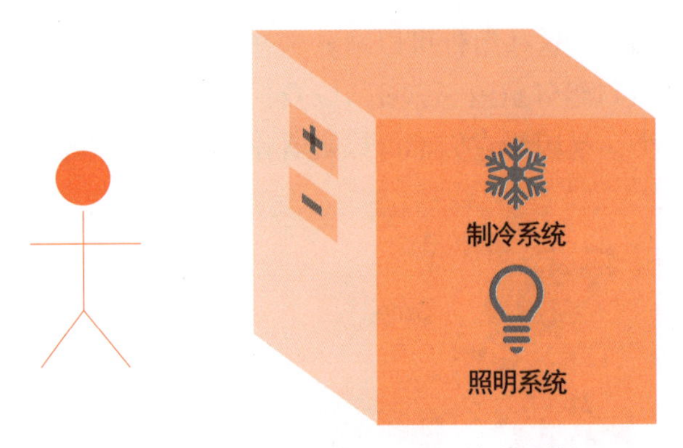

图 2-2　一台简易的冰箱（只画出了部分组件）

2.2.2　统一操作入口

实际上，我们可以把冰箱简单抽象成图 2-3 中的两个部分：统一的操作入口和其他组件。用户只有通过操作入口才能操作冰箱，这个入口为用户提供了开关门和调节温控器这两个接口。用户调用这两个接口的时候，入口逻辑会调整冰箱门或温控器的状态。

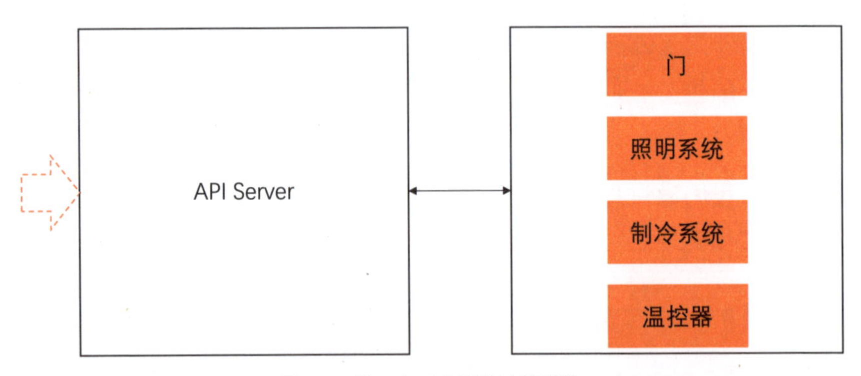

图 2-3　统一入口之后的冰箱系统

但是这里有一个问题，就是用户通过这两个接口，既不能让冰箱内部的灯打开，也不能调节冰箱内的温度，因为这两个接口和照明或者制冷系统没有任何必然的联系。

2.2.3　引入控制器

如图 2-4 所示，控制器就是为了解决上面的问题而产生的。控制器是用户操作和冰箱各个组件状态之间的一座桥梁。当用户打开门的时候，控制器“观察”到了门的变化，帮助用户打开冰箱内的灯；当用户调节温控器的时候，控制器“观察”到了用户设置的温度，替用户管理制冷系统以便调整冰箱内温度。

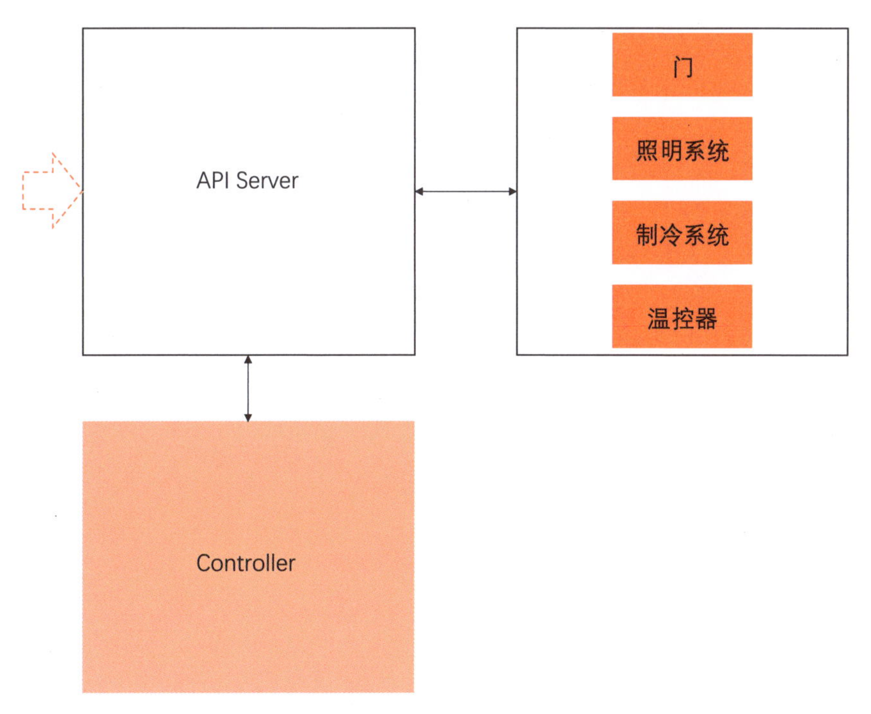

图 2-4　增加了控制器的冰箱系统

2.2.4　统一管理控制器

因为冰箱有照明系统和制冷系统，所以与一个控制器管理着两个组件相比，为每个组件分别设置一个控制器是更为合理的选择。同时为了方便管理，可以设置一个控制器管理器来统一维护所有这些控制器，以确保这些控制器在正常工作，如图 2-5 所示。

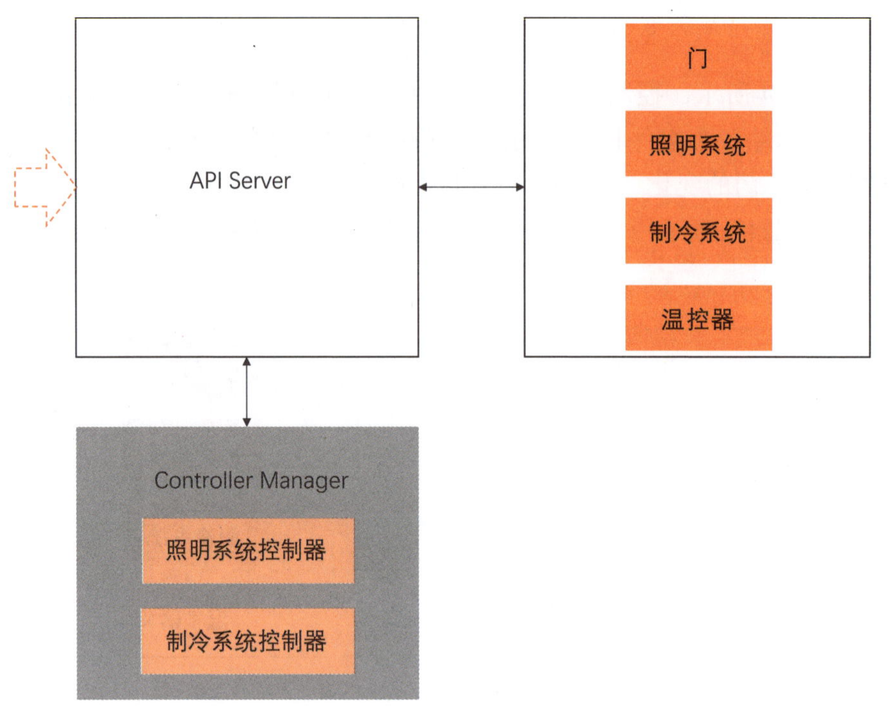

图 2-5　增加了控制器管理器之后的冰箱系统

2.2.5　Shared Informer

有了控制器和控制器管理器之后，冰箱的设计看起来已经相当不错了。但是随着冰箱功能的增加，必然会有新的控制器不断地加进来。这些控制器都需要通过冰箱入口，时刻监控自己“关心”的组件的状态变化，就如同照明系统控制器在时刻监控冰箱门状态一样。当大量控制器不断地和操作入口通信的时候，就会增加操作入口的压力。

如图 2-6 所示，这时我们可以把监控冰箱组件状态变化这件事情，交给一个新的模块 Shared Informer 来做。Shared Informer 作为控制器的代理，替控制器监控冰箱组件的状态变化，并根据控制器的“喜好”，把不同组件状态的变化通知对应的控制器。

Shared Informer 模块的增加，实际上可以极大地缓解冰箱操作入口的压力。

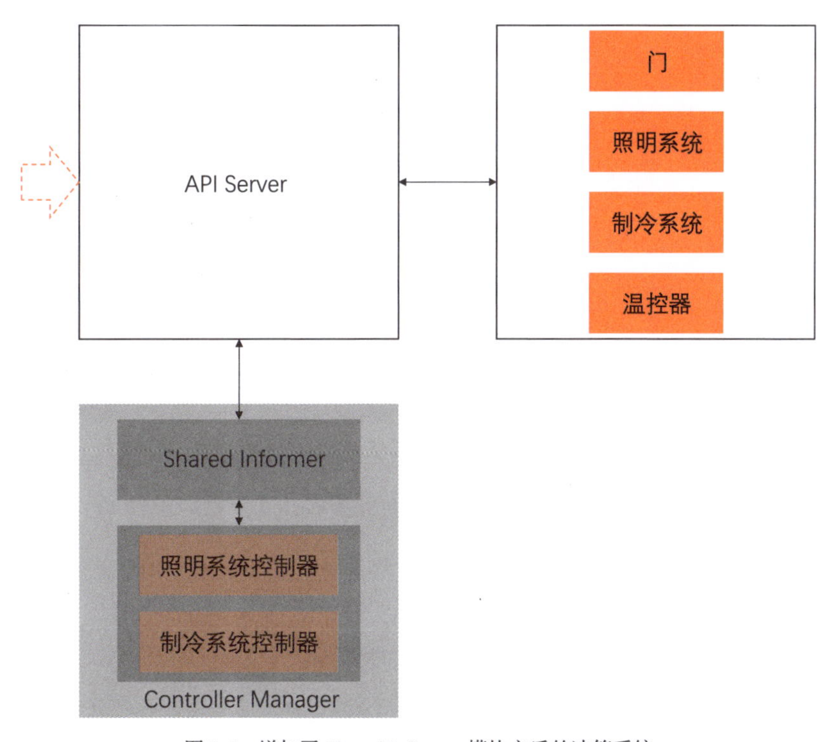

图 2-6 增加了 Shared Informer 模块之后的冰箱系统

2.2.6 List Watcher

Shared Informer 方便了控制器对冰箱组件的监控，而这个机制最核心的功能，当然是主动获取组件状态和被动接收组件状态变化的通知。这两个功能加起来，就是 List Watcher 机制，如图 2-7 所示。

假设 Shared Informer 和冰箱入口通过 HTTP 协议通信的，那么 HTTP 分块编码（chunked transfer encoding）就是实现 List Watcher 的一个好的选择。

控制器通过 List Watcher 给冰箱入口发送一个查询请求然后等待，当冰箱组件有变化的时候，入口通过分块的 HTTP 响应通知控制器。控制器“看到”Chunked 响应，会认为响应数据还没有发送完成，所以会持续等待，如图 2-8 所示。

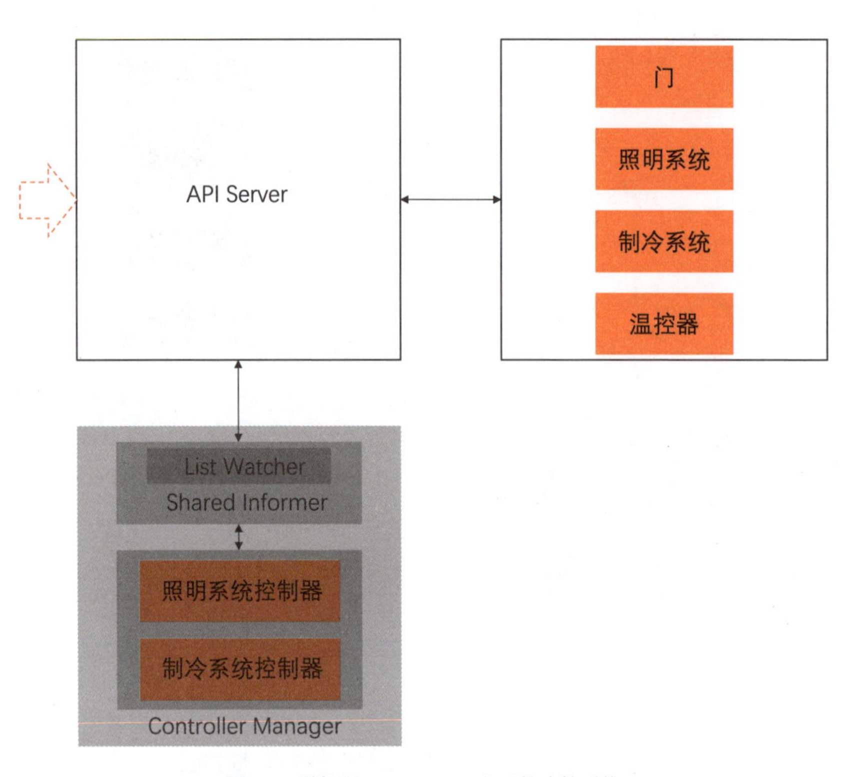

图 2-7　增加了 List Watcher 之后的冰箱系统

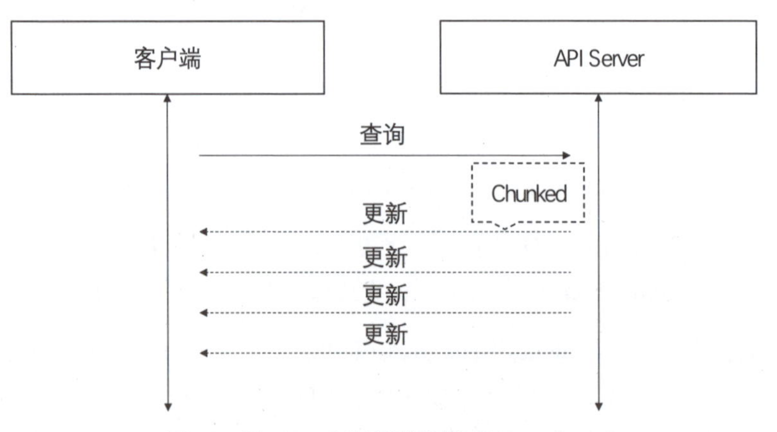

图 2-8　用 HTTP 分块编码机制实现 List Watcher

2.3　控制器示例

以上我们从一个简易冰箱的进化过程中，了解了控制器产生的意义、扮演的角色，以及实现的方式。现在我们回到 Kubernetes 集群。

Kubernetes 集群让大量的控制器得以实现，而且在可以预见的未来，具有新功能的控制器会不断出现，而一些旧的控制器也会被逐渐淘汰。

以目前的情况来说，我们比较常用的控制器有 Pod 控制器、Deployment 控制器、Service 控制器、Route 控制器、ReplicaSet 控制器等。这些控制器一部分是由 Kube Controller Manager 这个管理器实现和管理的，另一部分则是由 Cloud Controller Manager 实现的，比如 Service（服务）控制器和 Route（路由）控制器。

之所以会出现 Cloud Controller Manager，是因为在不同的云环境中，由于云厂商和环境的不同，部分控制器的实现有较大的差别。这类控制器被划分出来，由云厂商各自基于 Cloud Controller Manager 框架自主实现。

我们以阿里云 Kubernetes 集群 Cloud Controller Manager 实现的服务控制器和路由控制器为例，简单说明 Kubernetes 控制器的工作原理。

2.3.1　服务控制器

首先，用户请求 API Server 创建一个 Load Balancer 类型的服务，API Server 收到请求并把这个服务的详细信息写入 Etcd 数据库。

其次，这个变化被服务控制器“观察”到了。

最后，服务控制器理解 Load Balancer 类型的服务。因为这类服务除了存放在 Etcd 内的服务资源外，还需要一个 SLB 作为入口，和若干 Endpoint 作为后端。所以服务控制器会分别请求云接口和 API Server 来创建 SLB 实例和 Endpoint 资源，如图 2-9 所示。

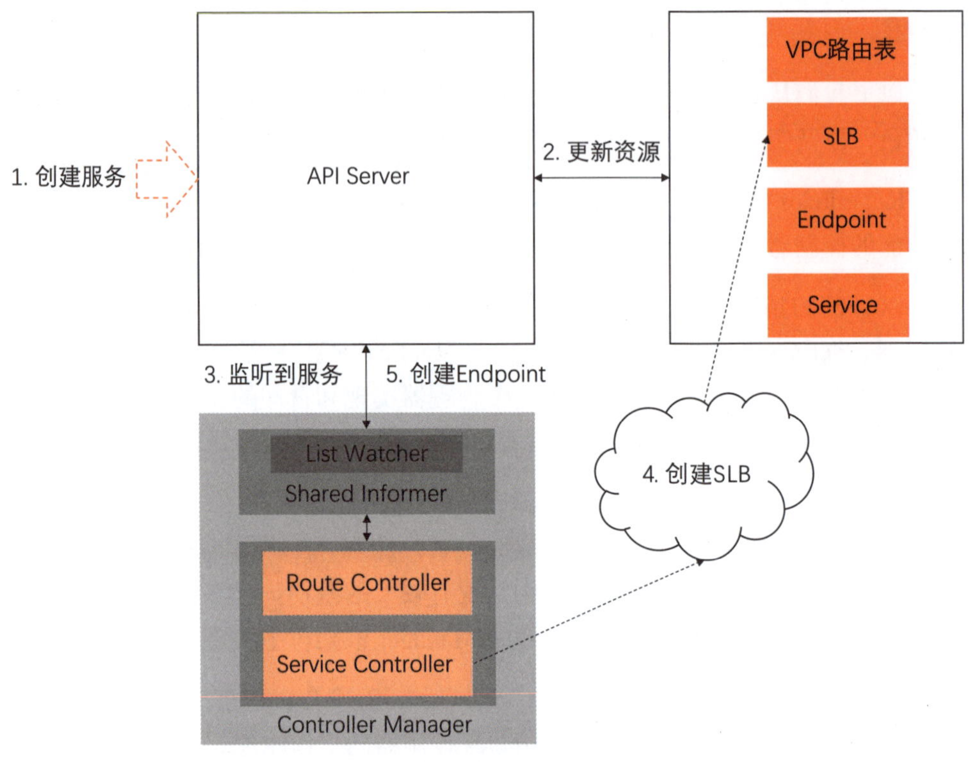

图 2-9　服务控制器系统

2.3.2　路由控制器

如图 2-10 所示，当一个新节点被加入集群的时候，集群需要在 VPC 路由表里增加一条路由项，来搭建这个新加节点的 Pod 网络主干道。

增加路由项这件事情，就是由路由控制器来做的。路由控制器完成这件事情的流程，与上面服务控制器的处理流程非常类似，这里不再赘述。

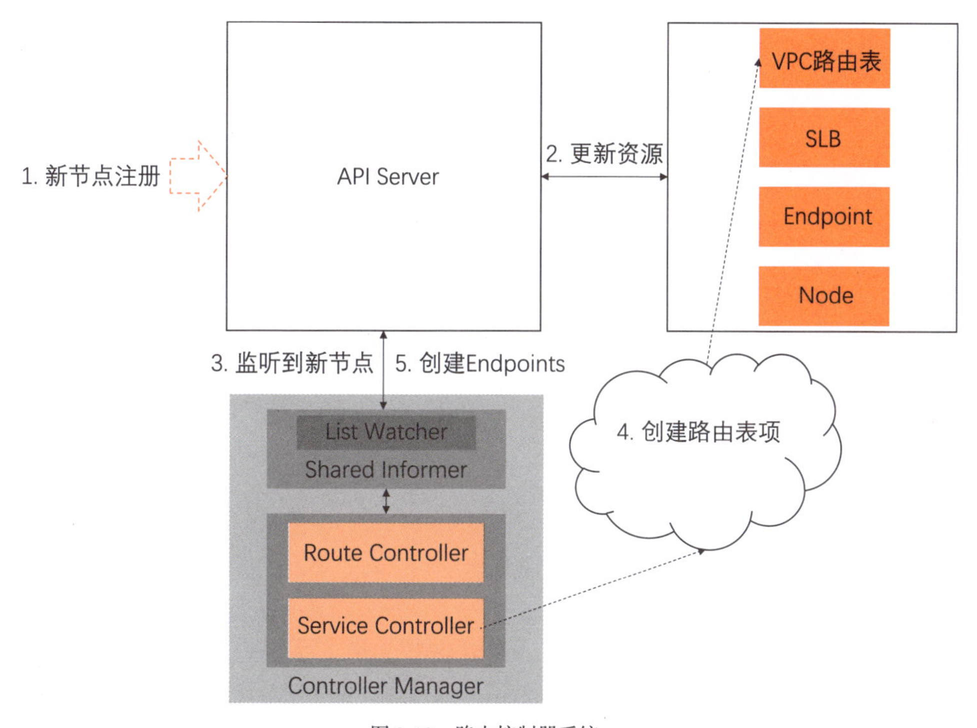

图 2-10　路由控制器系统

2.4　总结

总体来说，Kubernetes 集群的控制器扮演着集群大脑的角色。有了控制器，Kubernetes 集群才摆脱了机械和被动，变成一个自动、智能、有大用的系统。

第 3 章 网络与通信原理

网络是任何分布式系统的干道，离开这些干道，系统将被分裂成一个个互不相关的孤岛。云原生操作系统 Kubernetes 是典型的分布式系统，所以网络的重要性对其来说不言而喻。

阿里云 Kubernetes 集群网络基于云上专有网络 VPC 而建。集群网络目前有两种实现方案，分别是 Flannel 和 Terway。Terway 和 Flannel 的不同之处在于，Terway 支持 Pod 使用 ENI（弹性网卡），并支持 Network Policy 特性。

在这一章中，我们以 Flannel 网络方案为例，深入分析阿里云 Kubernetes 集群网络的实现方法。具体的分析过程我们会从两个逻辑角度展开，一个是网络搭建过程，另一个是集群网络通信。

3.1 背景

在 Kubernetes 集群里，容器可以运行在不同的节点上，也可以运行在同一节点的不同网络命名空间中。这样，容器之间就产生了“距离”。Kubernetes 集群的网络系统要解决的核心问题，是不同“距离”的容器之间的通信问题。

根据容器之间“距离”的长短，我们可以把容器之间的通信问题划分为三个子问题：本地容器之间的通信（相同网络命名空间内容器之间的通信）、不同网络命名空间中容器之间的通信，以及跨节点容器之间的通信。

本地容器之间的通信是这三个子问题中最基础的一个。通信容器双方的特别之处在于，它们之间虽然有进程、文件系统等方面的隔离，但是它们共享同一个网络命名空间，即使用同一个网络协议栈。本地通信使用的是 Loopback 虚拟网络接口。

这种方式非常特别，好比两个人，每人有一部手机，但这两部手机使用着完全一样的 SIM 卡，当有来电的时候，这两个人会同时接到电话，当然他们都有自主性，可以选择接或不接。

不同网络命名空间中容器之间的通信以及跨节点容器之间的通信这两个子问题相对比较难解决，原因就在于通信双方分别使用完全独立的网络协议栈，这就涉及到网络包跨网络命名空间，甚至跨集群节点的转发。

这两个子问题的解决，依赖于 Kubernetes 和第三方一起实现的网络组件。利用这些网络组件，集群可以搭建出较为复杂的容器集群网络。本章剩余部分会带大家深入理解这些内容。

3.2　阿里云 Kubernetes 集群网络大图

总体上来说，阿里云 Kubernetes 集群网络搭建完成之后，包括集群的 CIDR、VPC 路由表、节点网络、节点的 podCIDR、节点上的虚拟网桥 Cni0、连接 Pod 和网桥的 Veth 组等部分，如图 3-1 所示。

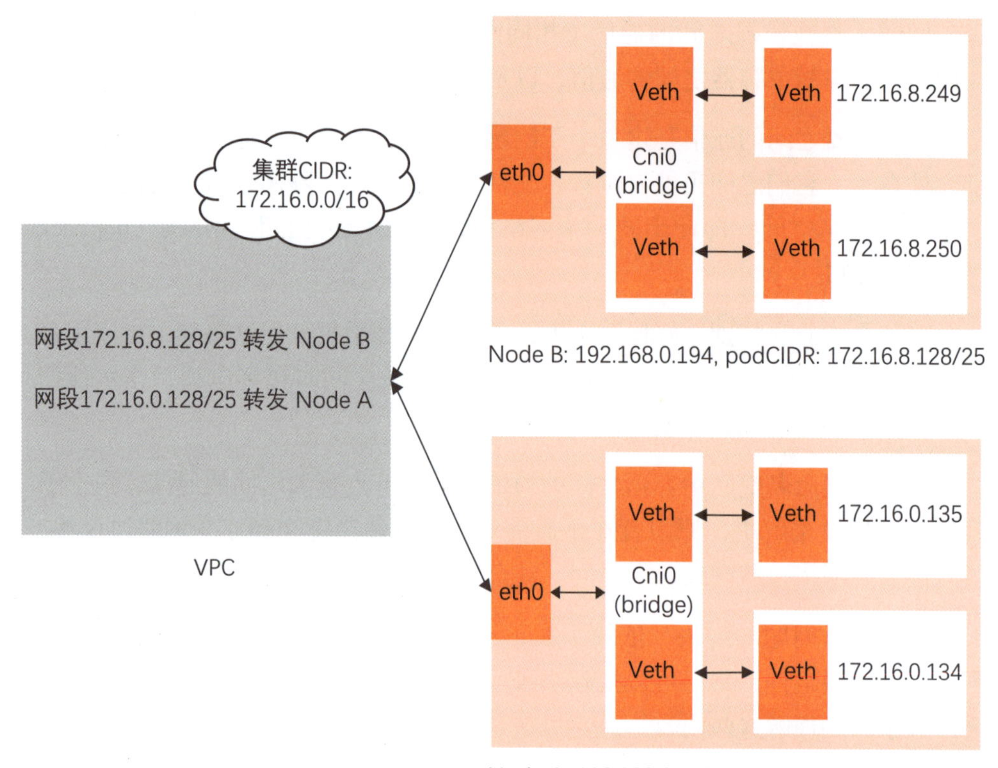

图 3-1　阿里云 Kubernetes 集群网络大图

类似的架构图大家可能在很多文章中都看过。相关配置可以说相当复杂，也非常不易理解。

实际上，我们可以从集群创建的过程来归纳总结这些配置。我们可以把这些配置按集群创建的阶段分类，初始阶段之后，可以分为集群阶段、节点阶段和 Pod 阶段等三个阶段，如图 3-2 所示。

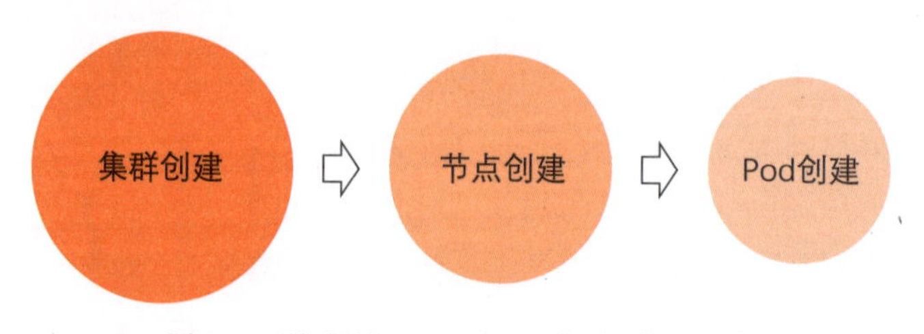

图 3-2　理解阿里云 Kubernetes 集群网络的思路

与这三种情况对应的，其实是对集群网络 IP 地址段的三次划分。三次划分分别是分配集群 CIDR、在集群 CIDR 里划分节点 podCIDR，以及在节点 podCIDR 网段里分配 Pod 的地址。

3.3　集群网络搭建

3.3.1　初始阶段

集群的创建是基于专有网络 VPC 和云服务器 ECS 的。在创建完 VPC 和 ECS 之后，我们基本上可以得到图 3-3 所示的资源配置。

我们会得到一个网段为 192.168.0.0/16 的 VPC 实例，和若干从 VPC 网段里分配到 IP 地址的 ECS 实例。

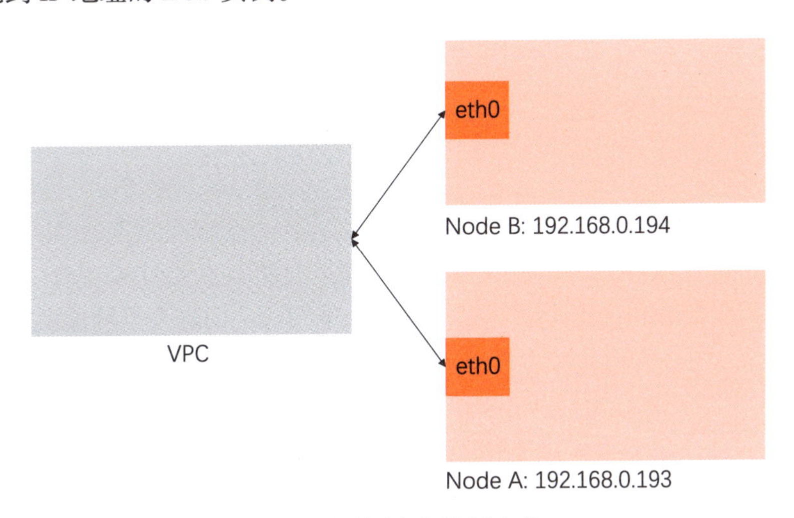

图 3-3　初始阶段集群网络架构

3.3.2　集群阶段

在初始阶段的基础上，集群创建阶段会为集群指定 CIDR，如图 3-4 所示。这个值会以参数的形式传递给集群节点初始化脚本，并被脚本传递给集群节点配置工具 Kubeadm。之后 Kubeadm 会把这个参数固化到控制器管理器的编排文件里。

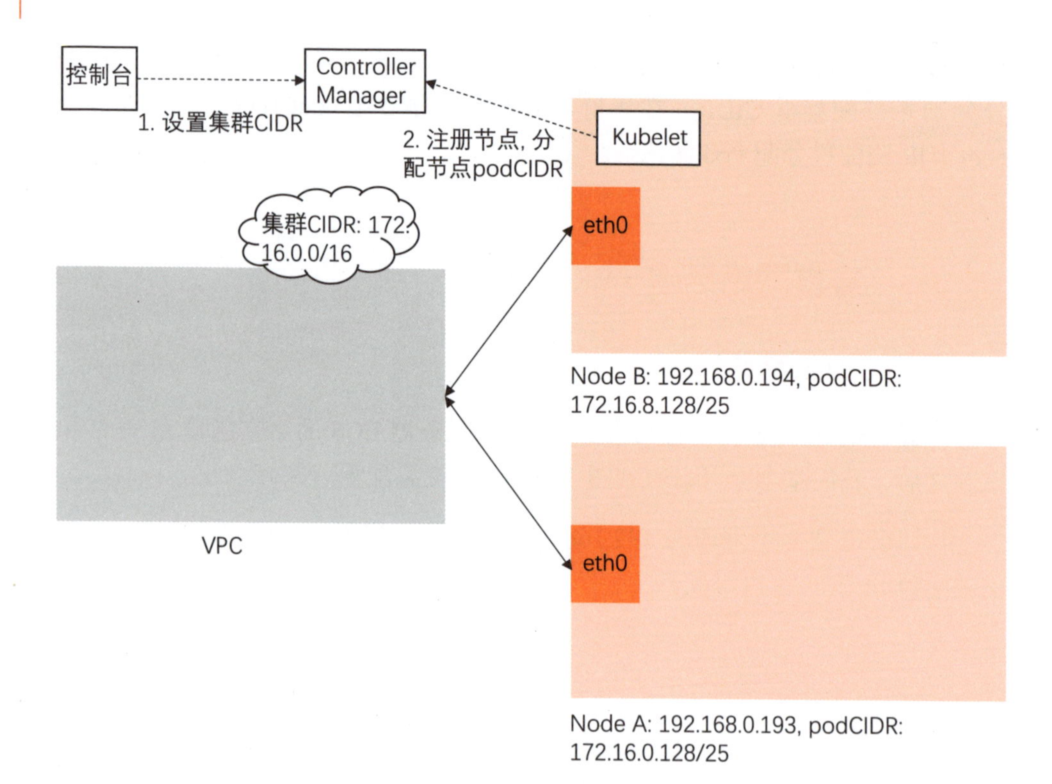

图 3-4　集群创建阶段网络架构

当控制器管理器有了这个参数之后，如果有新节点通过 Kubelet 注册到集群，节点控制器就会为这个新节点划分一个子网段，而这个子网段就是节点的 podCIDR。

如图 3-4 所示，节点 B 的子网段是 172.16.8.128/25，而节点 A 的子网段是 172.16.0.128/25，这些配置会被记录到对应节点的 podCIDR 数据项里。

3.3.3　节点阶段

经过以上阶段，Kubernetes 就有了集群 CIDR，以及为每个节点划分的 podCIDR。

在此基础上，集群会把 Flanneld 部署到每个节点上，进一步为节点搭建 Pod 使用的网络主干道。这里主要有两个操作，可参考图 3-5。

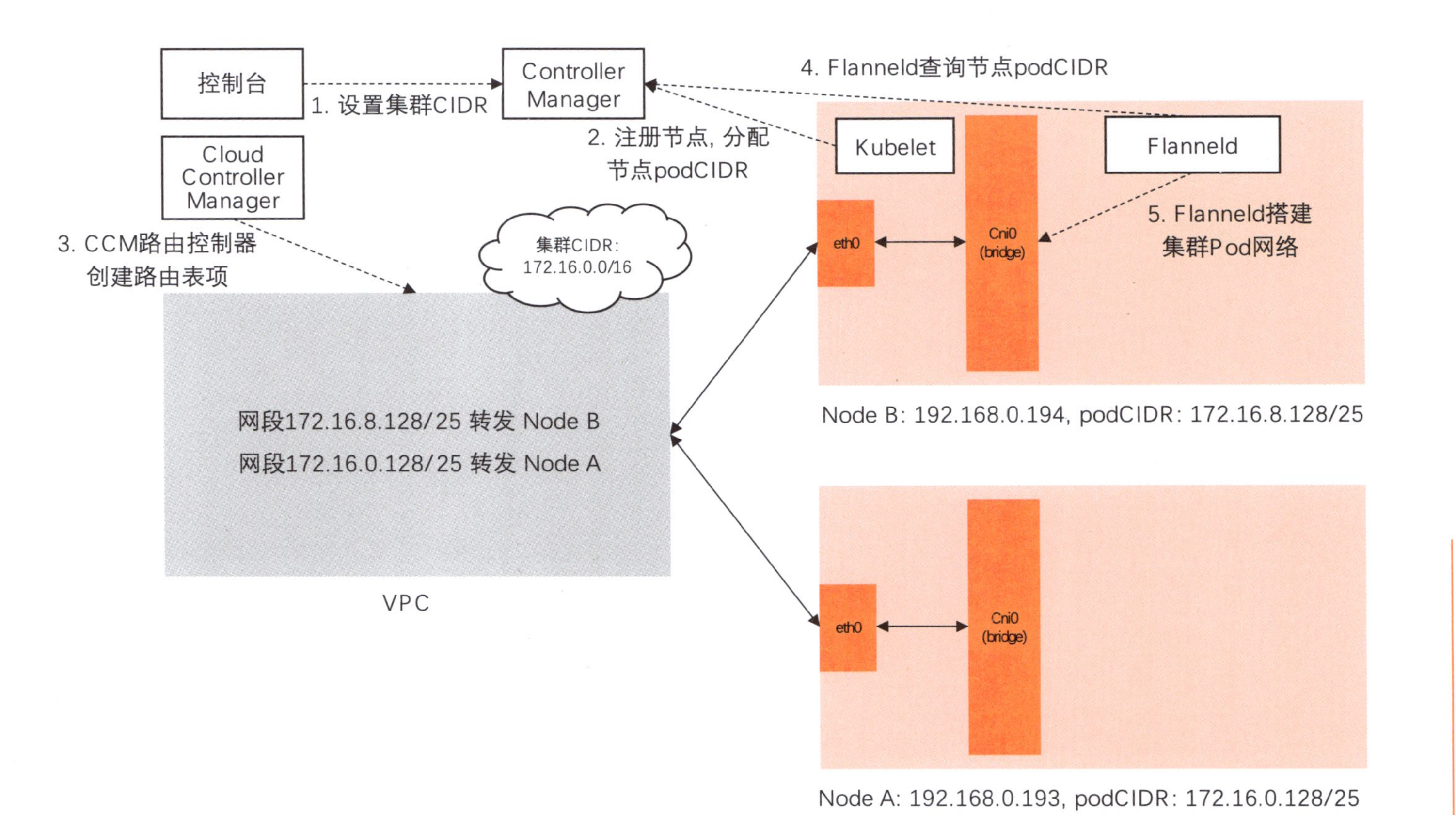

图 3-5　节点增加阶段网络架构

第一个是通过 Cloud Controller Manager 给每个节点配置一个 VPC 路由项。路由项的作用是，如果 VPC 收到的数据包的目标地址属于某个节点的 podCIDR 子网段，那么 VPC 会把这个数据包转发到对应的节点上。

第二个是 Flanneld 创建虚拟网桥 Cni0，以及 Cni0 相关的主机路由。这些主机路由的作用是，从节点外部进来的网络包，如果其目标地址属于 podCIDR，则该网络包会被主机路由转发到 Cni0 虚拟局域网内。

这里要注意的是，Cni0 其实是在第一个 Pod 被调度到节点上的时候创建的，但是从逻辑上来说，Cni0 属于节点网络，不属于 Pod 网络，所以在此讲解。

3.3.4 Pod 阶段

经过前面三个阶段，集群实际上已经为 Pod 搭建了网络通信的主干道。

这个时候，如果集群把一个 Pod 调度到节点上，Kubelet 会调用 Flannel CNI 插件，为这个 Pod 创建网络命名空间和 Veth 设备组。其中一个 Veth 设备会被加入 Cni0 虚拟网桥，而另一个 Veth 设备则被安装到 Pod 上。这样一来，Pod 就和网络主干道连接在了一起，如图 3-6 所示。

这里需要强调的是，前一节的 Flanneld 和这一节的 Flannel CNI 完全是两个组件。Flanneld 是 DaemonSet 下发到每个节点的 Pod，它的作用是搭建网络主干道。而 Flannel CNI 是节点创建的时候，通过 kubernetes-cni 这个 Rpm 包安装的 CNI 插件，其作用是，被 Kubelet 调用为具体的 Pod 创建网络分支。

理解这两者的区别，有助于我们理解 Flanneld 和 Flannel CNI 相关的配置文件的用途。比如 /run/flannel/subnet.env，是 Flanneld 创建的为 Flannel CNI 提供输入的一个环境变量文件；又比如 /etc/cni/net.d/10-flannel.conf，是 Flanneld 拷贝到节点目录给 Flannel CNI 使用的子网配置文件。

3.4 通信原理

集群网络搭建的四个阶段，为 Pod 创建了网络通信干道。基于这个网络干道，Pod 可以完成图 3-7 所示的四种通信，分别是本地通信、同节点 Pod 通信、

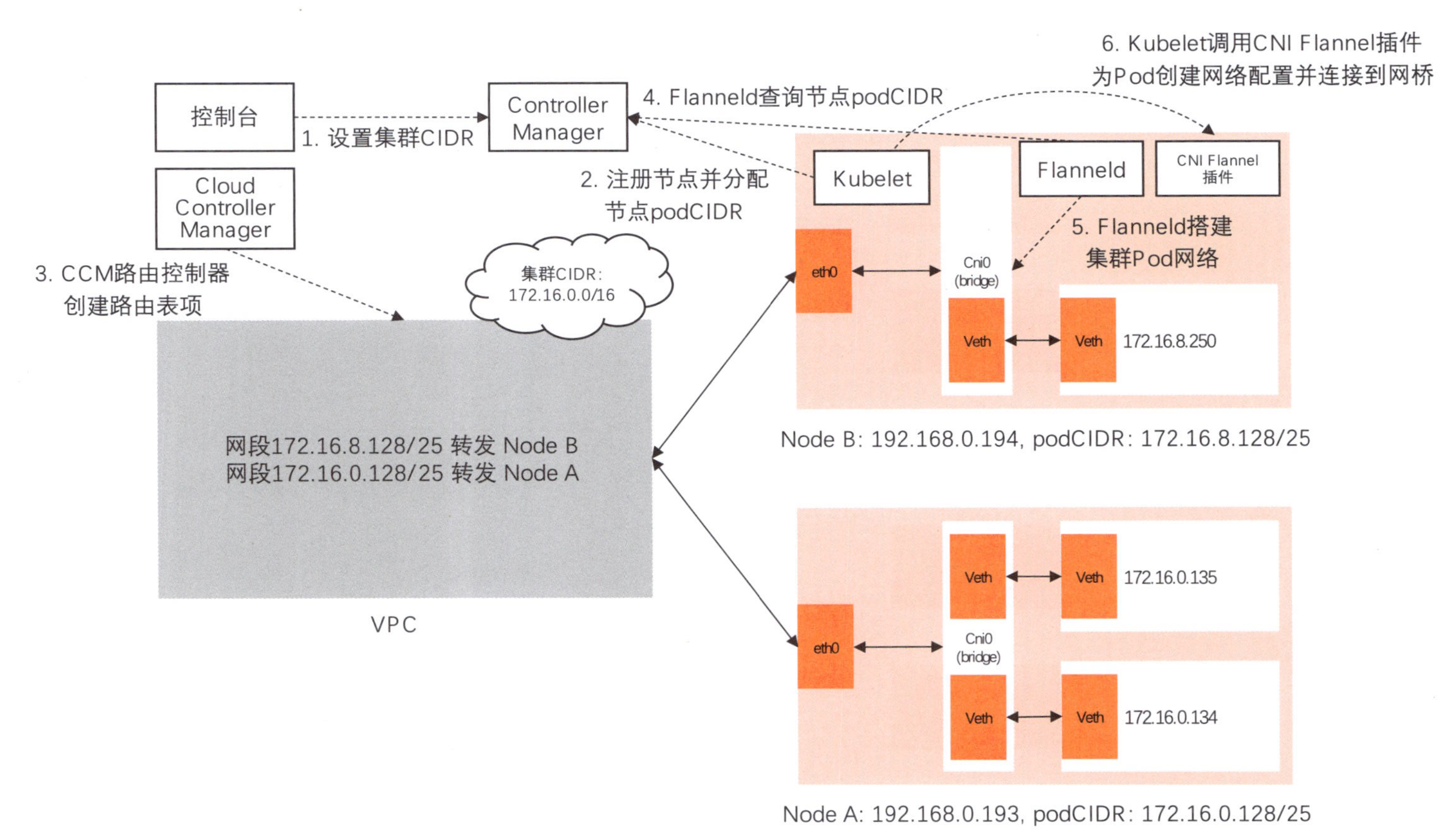

图 3-6　容器部署阶段网络架构

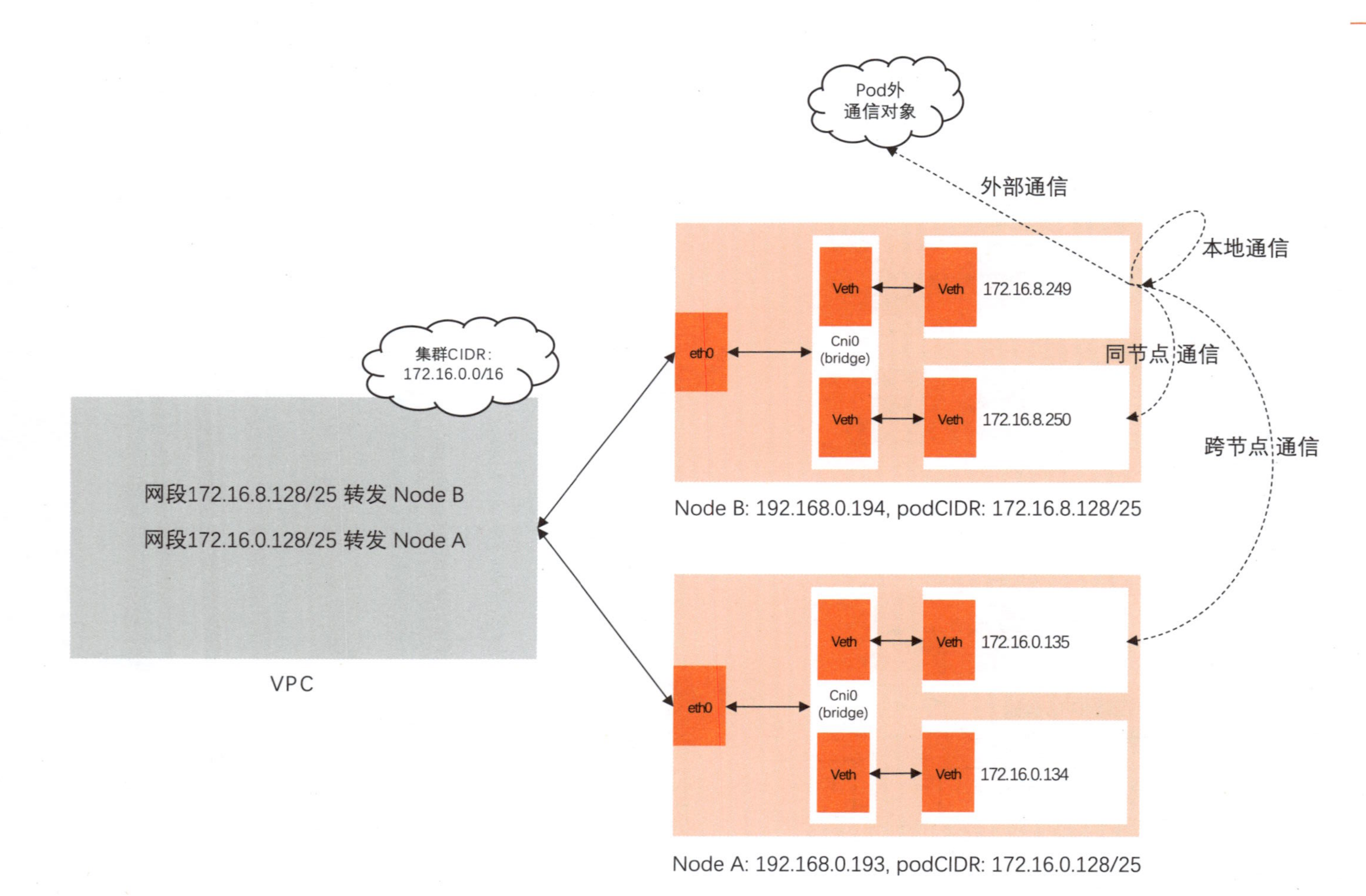

图 3-7 集群通信原理架构

跨节点 Pod 通信，以及 Pod 和 Pod 之外网络实体的通信。

本地通信说的是 Pod 内部不同容器之间的通信。因为 Pod 内网容器共享同一个网络协议栈，所以它们之间的通信可以通过 Loopback 设备完成。

同节点 Pod 之间的通信，是 Cni0 虚拟网桥内部的通信，相当于一个二层局域网内部设备通信。

跨节点 Pod 通信略微复杂一点，但也很直观，发送端数据包通过 Cni0 网桥的网关流转到节点上，然后经过节点 eth0 发送给 VPC 路由。这不会经过任何封包操作。当 VPC 路由收到数据包时，它通过查询路由表，确认数据包目的地，并把数据包发送给对应的 ECS 节点。而进入节点之后，因为 Flanneld 在节点上创建了 Cni0 的路由，所以数据包会被发送到目的地的 Cni0 局域网，再到目的地 Pod。

最后一种情况，Pod 与非 Pod 网络的实体通信，需要经过节点上的 iptables 规则做源地址转换，而此规则就是 Flanneld 依据命令行 --ip-masq 选项做的配置。

3.5 总结

本章我们从集群网络搭建和通信原理两个角度，分析了阿里云 Kubernetes 集群网络的实现。

其中集群网络搭建的过程可以拆分成四个阶段，分别是初始阶段、集群阶段、节点阶段和 Pod 阶段。这样的分类有助于我们理解复杂的集群网络配置。

在理解了网络配置之后，再理解包括四种通信方式的集群通信原理，就变得相当简单了。

第4章 节点伸缩的实现

阿里云 Kubernetes 集群的一个重要特性，是集群的节点可以动态地增加或减少。有了这个特性，集群才能在计算资源不足的情况下扩容，增加新的节点，同时也可以在资源利用率降低的时候，释放节点以节省费用。

在这一章，我们讨论阿里云 Kubernetes 集群节点伸缩的实现原理。理解了实现原理，在遇到问题的时候，我们就可以高效地排查并找出原因。

4.1 节点增加原理

阿里云 Kubernetes 集群增加节点的方式有三类：添加已有节点、集群扩容和自动伸缩。其中，添加已有节点又可分为手动添加已有节点和自动添加已有节点。

节点的增加涉及的组件有节点准备、ESS（弹性伸缩）、集群管控、Cluster Autoscaler 和调度器，如图 4-1 所示。

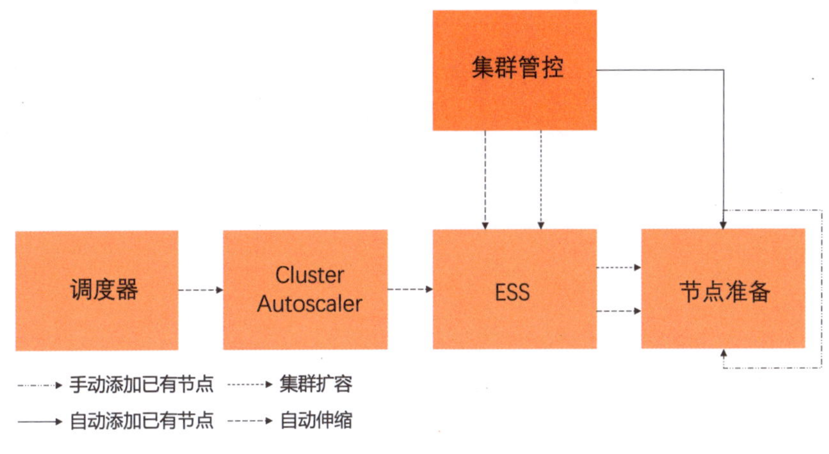

图 4-1　集群节点增加原理

4.1.1　手动添加已有节点

节点准备，其实就是把一个普通的 ECS 实例安装配置成一个 Kubernetes 集群节点的过程。这个过程仅靠一条命令就可以完成。这条命令使用 curl 下载 attach_node.sh 脚本，然后以 openapi token 为参数，在 ECS 上运行。

```
curl http://<address>/public/pkg/run/attach/<version>/attach_
node.sh | bash -s -- --openapi-token <token>
```

这里 token 是一个 <key, value> 对的 key，而 value 是当前集群的基本信息。阿里云 Kubernetes 集群的管控，在接到手动添加已有节点请求的时候，会生成这个 <key, value> 对，并把 key 作为 token 返回给用户。

这个 token（key）存在的价值，是其可以让 attach_node.sh 脚本匿名在 ECS 上检索到集群的基本信息（value），而这些基本信息对节点准备至关重要。

总体上来说，节点准备就做两件事情：读和写。读即数据收集，写即节点配置。节点初始化过程如图 4-2 所示。

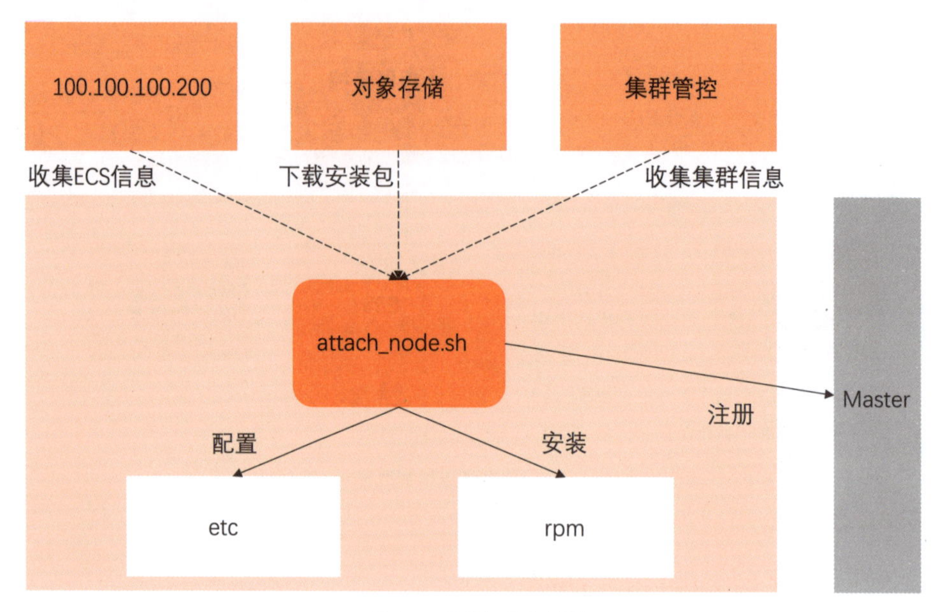

图 4-2　节点初始化过程

这里的读写过程，绝大部分内容都比较基础，大家可以通过阅读脚本来了解细节。唯一需要特别说明的是 Kubeadm 把节点注册到 Master 的过程，此过程需要新加节点和集群 Master 之间建立互信。

一方面，新加节点从管控处获取的 bootstrap token（与 openapi token 不同，此 token 是 value 的一部分内容），实际上是管控通过可信的途径从集群 Master 上获取的。新加节点使用这个 bootstrap token 连接 Master，Master 则可通过验证这个 bootstrap token 来建立对新加节点的信任。

另一方面，新加节点以匿名身份从 Master kube-public 命名空间中获取集群 cluster-info，cluster-info 包括集群 CA（证书授权中心）证书，和使用集群 bootstrap token 对这个 CA 做的签名。新加节点使用从管控处获取的 bootstrap token，对 CA 生成新的签名，然后将此签名与 cluster-info 内签名做对比，如果两个签名一致，则说明 cluster-info 和 bootstrap token 来自同一集群。新加节点因为信任管控，所以建立对 Master 的信任。集群节点注册机制如图 4-3 所示。

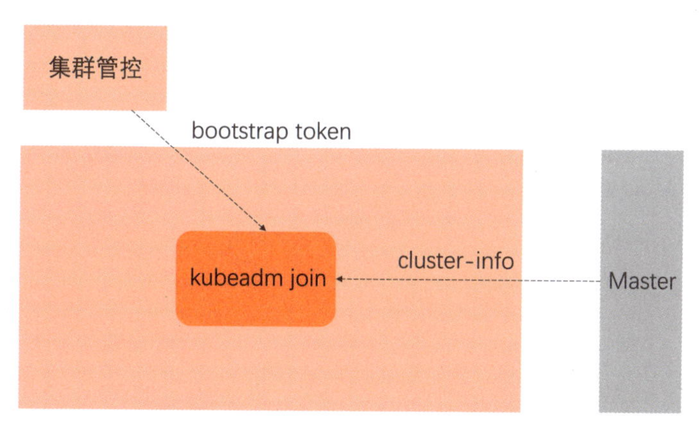

图 4-3　集群节点注册机制

4.1.2　自动添加已有节点

自动添加已有节点，不需要人为把脚本拷贝到 ECS 命令行来完成节点准备的过程。管控使用了 ECS Userdata 的特性，把类似以上节点准备的脚本写入 ECS Userdata，然后重启 ECS 并更换系统盘。当 ECS 重启之后，会自动执行 Userdata 里边的脚本，来完成节点添加的过程。

```
#!/bin/bash
mkdir -p /var/log/acs
curl http://<address>/public/pkg/run/attach/1.12.6-aliyun.1/
attach_node.sh | bash -s -- --docker-version <version> --token
<bootstrap token> --endpoint <apiserver> --cluster-dns <dns>
> /var/log/acs/init.log
```

这里我们看到，attach_node.sh 的参数与前一节的参数有很大的不同。其实这里的参数都是前一节 value 的内容，即管控创建并维护的集群基本信息。自动添加已有节点省略了通过 key 获取 value 的过程。

4.1.3　集群扩容

集群扩容与以上添加已有节点不同，此功能针对需要新购节点的情形。集群扩容的实现，在添加已有节点的基础上引入了 ESS 组件。ESS 组件负责从无到有的过程，而剩下的过程与添加已有节点类似，即依靠 ECS Userdata 脚本来完成节点准备。图 4-4 所示为集群扩容过程。

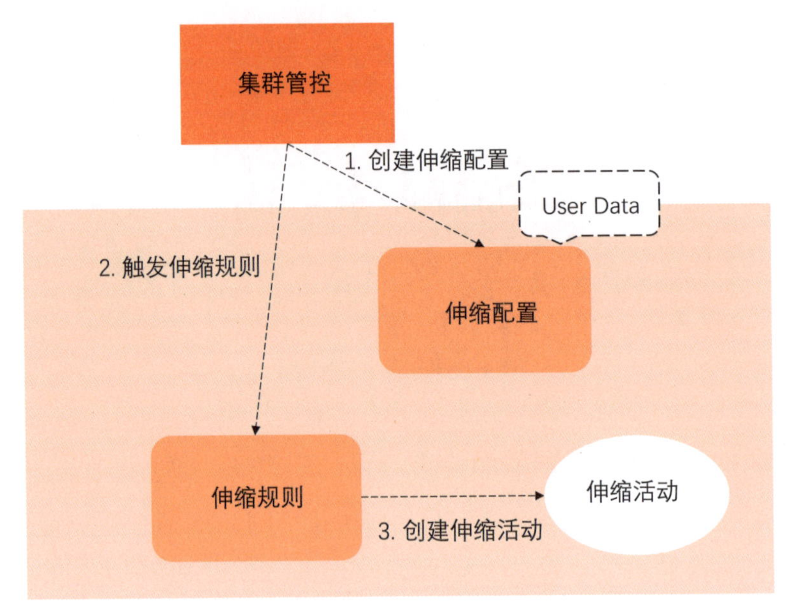

图 4-4　集群扩容过程

4.1.4　自动伸缩

前面几种方式是需要人为干预的伸缩方式，而自动伸缩的本质不同，因为它可以在业务需求量增加的时候，自动创建 ECS 实例并加入集群。为了实现自动化，这里引入了另外一个组件 Cluster Autoscaler。集群自动伸缩包括两个独立的过程，如图 4-5 所示。

其中第一个过程主要用来配置节点的规格属性，包括设置节点的用户数据。这个用户数据和手动添加已有节点的脚本类似，不同的地方在于，其针对自动伸缩这种场景增加了一些专门的标记。attach_node.sh 脚本会根据这些标记来设置节点的属性。

```
#!/bin/sh
curl http://<address>/public/pkg/run/attach/1.12.6-aliyun.1/
attach_node.sh | bash -s -- --openapi-token <token > --ess
true --labels k8s.io/cluster-autoscaler=true,workload_
type=cpu,k8s.aliyun.com=true
```

而第二个过程是实现自动增加节点的关键。这里引入了一个新的组件 Autoscaler，它以 Pod 的形式运行在 Kubernetes 集群中。从理论上来说，我们可以把这个组件当作一个控制器。因为它的作用与控制器类似，基本上还是监听 Pod 状态，以便在 Pod 因为节点资源不足而不能被调度时，去修改 ESS 的伸缩规则来增加新的节点。

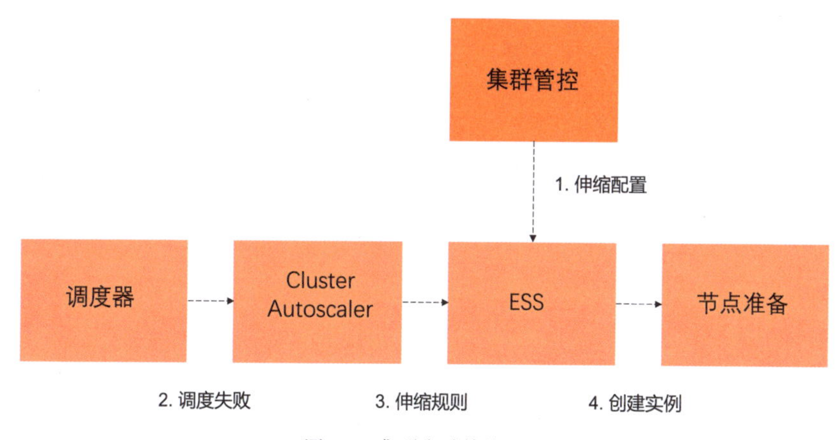

图 4-5　集群自动伸缩过程

这里有一个知识点，即集群调度器衡量资源是否充足的标准是“预订率”，而不是“使用率”。这两者的差别，类似酒店房间预订率和实际入住率：完全有可能有人预订了酒店，但是并没有实际入住。在开启自动伸缩功能的时候，我们需要设置缩容阈值，就是“预订率”的下限。之所以不需要设置扩容阈值，是因为 Autoscaler 扩容集群依靠的是 Pod 的调度状态：当 Pod 因为节点资源“预订率”太高而无法被调度的时候，Autoscaler 就会扩容集群。

4.2　节点减少原理

与增加节点不同，集群减少节点的操作只有一个移除节点的入口。但对于用不同方法加入的节点，其移除方式略有不同，如图 4-6 所示。

通过添加已有节点加入的节点，需要三步去移除：管控通过 ECS API 清除 ECS Userdata；管控通过 Kubernetes API 从集群中删除节点；管控通过 ECS InvokeCommand 在 ECS 上执行 kubeadm reset 命令清理节点。

通过集群扩容加入的节点，则在前面步骤的基础上增加了断开 ESS 和 ECS 关系的操作。此操作由管控调用 ESS API 完成。

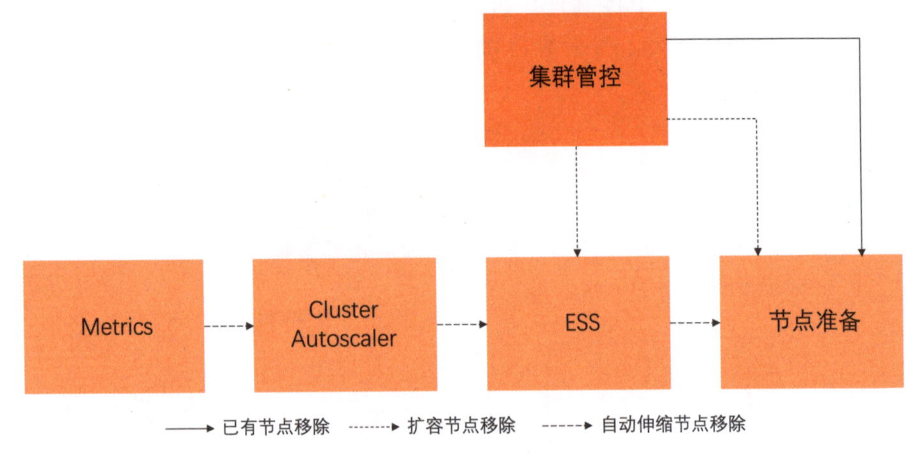

图 4-6　集群节点减少原理

经过 Cluster Autoscaler 动态增加的节点，在集群 CPU 资源“预订率”降低的时候，由 Cluster Autoscaler 自动移除释放。其触发点是 CPU“预订率”，这就是图 4-6 中加上 Metrics 的原因。

4.3　节点池原理

针对不同的业务需求，阿里云容器服务实际上已经支持了包括托管版、标准专有版、异构版、弹性裸金属、Windows 在内的诸多集群类型，如图 4-7 所示。

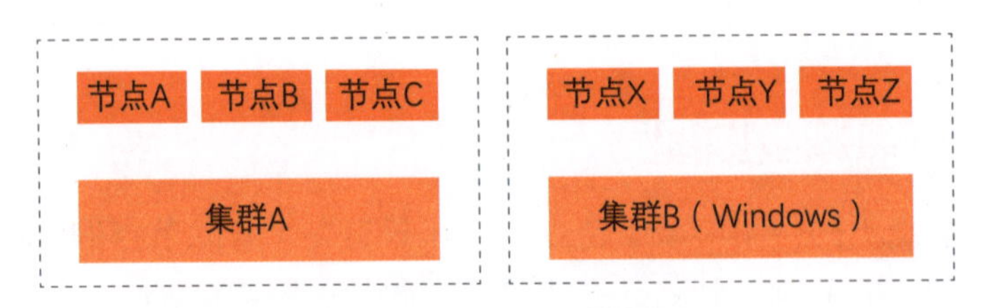

图 4-7　阿里云容器集群多样性

面对丰富的集群类型，我们思考一个问题，就是怎样才能将如此多样的能力合并到同一个集群中，用户无须创建多个集群，只需要在一个集群中就具有管理多种集群的能力，如图 4-8 所示。

图 4-8　阿里云容器集群节点池

面对这样的需求，容器服务 Kubernetes 需要提供更有层次的节点维度的管理功能。为此，我们设计了节点池的概念，利用节点池我们可以对不同节点类型做分组管理。

如此一来，在同一个 Kubernetes 集群中，我们就可以通过创建不同类型的节点池来满足不同的业务场景。

节点池内节点的伸缩原理和前两节所述的基本一致，这里不再赘述。

4.4　总结

总体上来说，Kubernetes 集群节点的增加与减少主要涉及四个组件，分别是 Cluster Autoscaler、ESS、管控和节点本身（节点的准备与清理）。

根据场景的不同，我们需要排查不同的组件。其中 Cluster Autoscaler 是一个普通的 Pod，其日志的获取和其他 Pod 无异。ESS 有其专门的控制台，我们可以在控制台排查其伸缩配置、伸缩规则等相关子实例日志和状态。而管控的日志，可以通过查看日志功能来查看。对于节点的准备与清理，其实就是排查对应的脚本的执行过程。

本章主要阐述了节点伸缩实现的原理，希望对大家理解节点伸缩和问题排查有所帮助。

第 5 章

认证与调度系统

不知道大家有没有意识到一个现实，就是大部分情况下，我们已经不像以前一样通过命令行或者可视窗口来使用一个系统了。现在我们上微博或者网络购物，操作的其实不是眼前这台设备，而是一个又一个集群。图 5-1 所示为数据中心内景。

图 5-1　数据中心

通常，这样的集群拥有成百上千个节点，每个节点是一台物理机或虚拟机。集群一般远离用户，坐落在数据中心。为了让这些节点互相协作，对外提供一致且高效的服务，集群需要操作系统。Kubernetes 就是这样的操作系统。

如图 5-2 所示，比较 Kubernetes 和单机操作系统，Kubernetes 相当于内核，它负责集群软硬件资源管理，并对外提供统一的入口，用户可以通过这个入口来使用集群，和集群沟通。

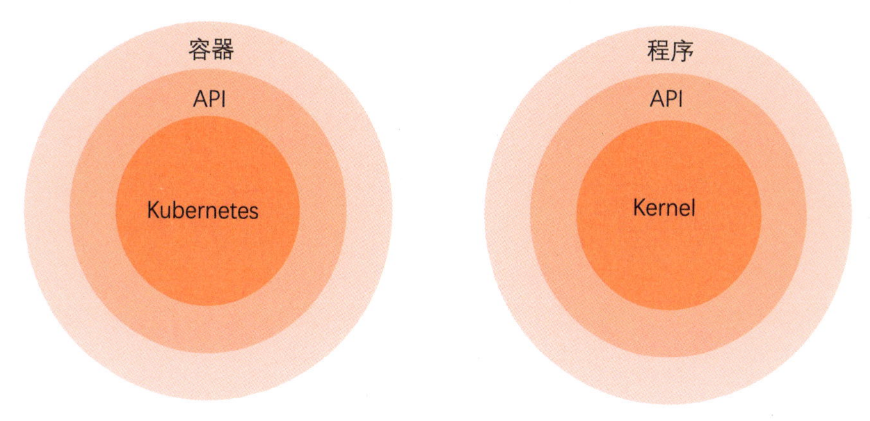

图 5-2　Kubernetes 与单机操作系统

而运行在集群之上的程序，与普通程序有很大的不同。这样的程序是“关在笼子里”的程序，它们从被制作，到被部署，再到被使用都不寻常。我们只有深挖根源，才能理解其本质。

5.1　“关在笼子里”的程序

5.1.1　代码

我们使用 Go 语言写了一个简单的 Web 服务器程序 app.go，这个程序监听 2580 这个端口。通过 HTTP 协议访问这个服务的根路径，服务会返回 “This is a small app for kubernetes...” 字符串。

```
package main
import (
        "github.com/gorilla/mux"
        "log"
        "net/http"
)
func about(w http.ResponseWriter, r *http.Request) {
```

```
        w.Write([]byte("This is a small app for kubernetes...\n"))
}
func main() {
        r := mux.NewRouter()
        r.HandleFunc("/", about)
        log.Fatal(http.ListenAndServe("0.0.0.0:2580", r))
}
```

使用 go build 命令编译这个程序，会产生一个可执行文件 app。这是一个普通的可执行文件，它在操作系统里运行，会依赖系统里的库文件。

```
# ldd app
linux-vdso.so.1 => (0x00007ffd1f7a3000)
libpthread.so.0 => /lib64/libpthread.so.0 (0x00007f554fd4a000)
libc.so.6 => /lib64/libc.so.6 (0x00007f554f97d000)
/lib64/ld-linux-x86-64.so.2 (0x00007f554ff66000)
```

5.1.2 “笼子”

为了让这个程序不依赖于操作系统自身的库文件，我们需要制作容器镜像，即隔离的运行环境。

Dockerfile 是制作容器镜像的“菜谱”，包括了制作镜像的两个步骤：下载一个 Centos 基础镜像，以及把 app 这个可执行文件放到镜像中。

```
FROM centos
ADD app /usr/local/bin
```

5.1.3 地址

制作好的镜像存在本地环境中，我们需要把这个镜像上传到镜像仓库里去。这里的镜像仓库相当于应用商店。我们使用阿里云的镜像仓库，上传之后镜像地址是：

```
registry.cn-hangzhou.aliyuncs.com/kube-easy/app:latest
```

镜像地址可以拆分成四个部分：仓库地址 / 命名空间 / 镜像名称：镜像版本。

显然，上面的镜像地址在阿里云杭州镜像仓库，使用的命名空间是 kube-easy，镜像名：镜像版本是 app:latest。至此，我们有了一个可以在 Kubernetes 集群上运行的“关在笼子里”的程序。

5.2　得其门而入

5.2.1　入口

Kubernetes 作为操作系统，和普通的操作系统一样有 API 的概念。有了 API，集群就有了入口；有了 API，我们使用集群才能得其门而入。

Kubernetes 的 API 被实现为运行在集群节点上的组件 API Server，如图 5-3 所示。这个组件是典型的 Web 服务器程序，通过对外暴露 http(s) 接口来提供服务。

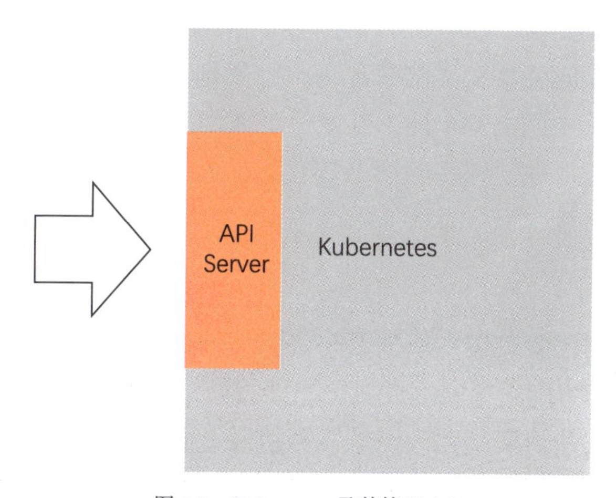

图 5-3　Kubernetes 及其管理入口

这里我们创建一个阿里云 Kubernetes 集群。登录集群管理页面，我们可以看到 API Server 的公网入口。

API Server 内网连接端点：https://xx.xx.197.238:6443

5.2.2 双向数字证书验证

阿里云 Kubernetes 集群 API Server 组件，使用基于 CA 签名的双向数字证书认证来保证客户端与 API Server 之间的安全通信。这句话很拗口，初学者不太好理解，我们来深入解释一下。

从概念上来讲，数字证书是用来验证网络通信参与者的一个文件。这和学校颁发给学生的毕业证书类似。

在学校和学生之间，学校是可信第三方 CA，而学生是通信参与者。如果人们普遍信任一个学校的话，那么这个学校颁发的毕业证书也会得到社会认可。参与者证书和 CA 证书好比毕业证和学校的办学许可证。

这里有两类参与者：CA 和普通参与者。与此对应，我们有两种证书：CA 证书和参与者证书。另外我们还有两种关系：证书签发关系和信任关系。这两种关系至关重要。

我们先看签发关系。如图 5-4 所示，我们有两张 CA 证书，三张参与者证书。其中最上面的 CA 证书签发了两张证书，一张是中间的 CA 证书，另一张是右边的参与者证书；中间的 CA 证书签发了下面两张参与者证书。这五张证书以签发关系为联系，形成了树状的证书签发关系图。

然而，证书以及签发关系本身，并不能保证可信的通信可以在参与者之间进行。

以图 5-4 为例，假设最右边的参与者是一个网站，最左边的参与者是一个浏览器，浏览器“相信”网站的数据，不是因为网站有证书，也不是因为网站的证书是 CA 签发的，而是因为浏览器相信最上面的 CA，这就是信任关系。

理解了 CA 证书、参与者证书、签发关系以及信任关系之后，我们回头看看“基于 CA 签名的双向数字证书认证”是什么意思。

客户端和 API Server 作为通信的普通参与者，各有一张证书，如图 5-5 所示。这两张证书都是由 CA 签发的，我们简单地称它们为集群 CA 和客户端 CA。客户端信任集群 CA，所以它信任拥有集群 CA 签发证书的 API Server；反过来，API Server 需要信任客户端 CA，然后才愿意与客户端通信。

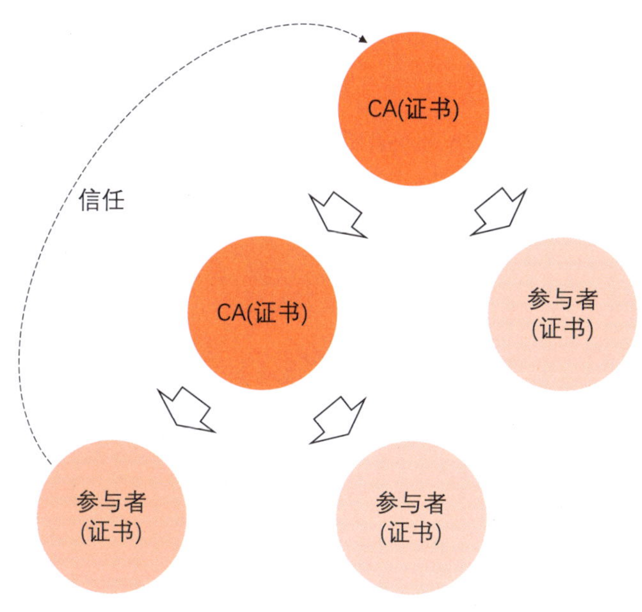

图 5-4　证书与证书之间的关系

阿里云 Kubernetes 集群 CA 证书和客户端 CA 证书，在实现上其实是一张证书，所以我们有图 5-5 所示的关系图。

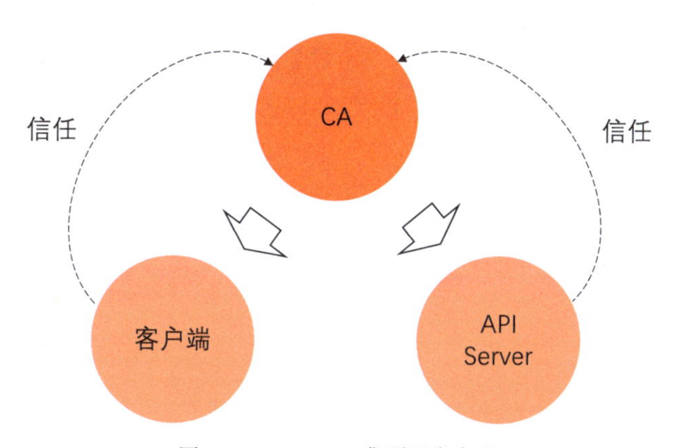

图 5-5　Kubernetes 集群证书实现

5.2.3　KubeConfig 文件

登录集群管理控制台，我们可以看到 KubeConfig 文件。这个文件包括了客户端证书、集群 CA 证书，以及其他证书。

证书使用 Base64 编码，所以我们可以使用 Base64 工具解码证书，并使用 openssl 查看证书文本。

首先，客户端证书签发者的公用名 CN 是集群 ID：c0256a，而证书本身的 CN 是子账号 252771。

```
Certificate:
    Data:
        Version: 3 (0x2)
        Serial Number: 787224 (0xc0318)
    Signature Algorithm: sha256WithRSAEncryption
        Issuer: O=c0256a, OU=default, CN=c0256a
        Validity
            Not Before: Nov 29 06:03:00 2018 GMT
            Not After : Nov 28 06:08:39 2021 GMT
        Subject: O=system:users, OU=, CN=252771
```

其次，只有在 API Server 信任客户端 CA 证书的情况下，上面的客户端证书才能通过 API Server 的验证。kube-apiserver 进程通过 client-ca-file 这个参数指定其信任的客户端 CA 证书，其指定的证书是 /etc/kubernetes/pki/apiserver-ca.crt。这个文件实际上包含了两张客户端 CA 证书，其中一张和集群管控有关系，这里不做解释，另外一张如下，它的 CN 与客户端证书的签发者 CN 一致。

```
Certificate:
    Data:
        Version: 3 (0x2)
        Serial Number: 786974 (0xc021e)
    Signature Algorithm: sha256WithRSAEncryption
            Issuer: C=CN, ST=ZheJiang, L=HangZhou, O=Alibaba,
OU=ACS, CN=root
        Validity
            Not Before: Nov 29 03:59:00 2018 GMT
            Not After : Nov 24 04:04:00 2038 GMT
        Subject: O=c0256a, OU=default, CN=c0256a
```

再次，API Server 使用的证书，由 kube-apiserver 的参数 tls-cert-file 决定，

这个参数指向证书 /etc/kubernetes/pki/apiserver.crt。这个证书的 CN 是 kube-apiserver，签发者是 c0256a，即集群 CA 证书。

```
Certificate:
    Data:
        Version: 3 (0x2)
        Serial Number: 218457 (0x1e512e86fcba3f19)
    Signature Algorithm: sha256WithRSAEncryption
        Issuer: O=c0256a, OU=default, CN=c0256a
        Validity
            Not Before: Nov 29 03:59:00 2018 GMT
            Not After : Nov 29 04:14:23 2019 GMT
        Subject: CN=kube-apiserver
```

最后，客户端需要验证上面这张 API Server 的证书，因而 KubeConfig 文件里包含了其签发者，即集群 CA 证书。对比集群 CA 证书和客户端 CA 证书，发现两张证书完全一样，这符合我们的预期。

```
Certificate:
    Data:
        Version: 3 (0x2)
        Serial Number: 786974 (0xc021e)
    Signature Algorithm: sha256WithRSAEncryption
           Issuer: C=CN, ST=ZheJiang, L=HangZhou, O=Alibaba,
OU=ACS, CN=root
        Validity
            Not Before: Nov 29 03:59:00 2018 GMT
            Not After : Nov 24 04:04:00 2038 GMT
        Subject: O=c0256a, OU=default, CN=c0256a
```

5.2.4　访问

理解了原理之后，我们可以做一次简单的测试。我们以证书作为参数，使用 curl 访问 API Server，并得到预期结果。

```
# curl --cert ./client.crt --cacert ./ca.crt --key ./client.
key https://47.110.197.238:6443/api/
{
  "kind": "APIVersions",
  "versions": [
    "v1"
  ],
  "serverAddressByClientCIDRs": [
    {
      "clientCIDR": "0.0.0.0/0",
      "serverAddress": "192.168.0.222:6443"
    }
  ]
}
```

5.3 择优而居

5.3.1 两种节点，一种任务

如开始所讲，Kubernetes 是管理集群多个节点的操作系统，这些节点在集群中的角色却不必完全一样。Kubernetes 集群有两种节点，Master 节点和 Worker 节点，如图 5-6 所示。

这种角色的区分，实际上就是一种分工：Master 节点负责整个集群的管理，其上运行的以集群管理组件为主，这些组件包括实现集群入口的 API Server；而 Worker 节点主要负责承载普通任务。

在 Kubernetes 集群中，任务被定义为 Pod。Pod 是集群可承载任务的原子单元。Pod 被翻译成容器组，其实是意译，因为一个 Pod 实际上封装了多个容器化的应用。从原则上讲，被封装在一个 Pod 里边的容器之间应该存在较大程度上的耦合关系。

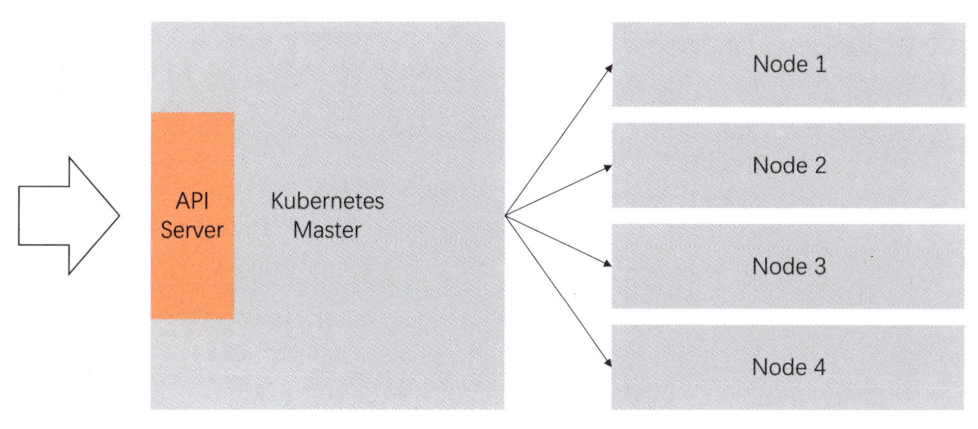

图 5-6　Kubernetes 集群和集群节点

5.3.2　择优而居

调度算法需要解决的问题，是替 Pod 选择一个舒适的“居所”，让 Pod 所定义的任务可以在这个节点上顺利地完成。

为了实现“择优而居”的目标，Kubernetes 集群调度算法采用了两步走的策略：第一步，从所有节点中排除不满足条件的节点，这一步是预选；第二步，给剩余的节点打分，最后得分高者胜出，这一步是优选。

下面，我们使用 5.1 节中制作的镜像创建一个 Pod，并通过日志来具体分析一下，这个 Pod 怎样被调度到某一个集群节点。

5.3.3　Pod 配置

首先，我们创建 Pod 的配置文件，配置文件格式是 json。这个配置文件有三个地方比较关键，分别是镜像地址、命令及容器的端口。

```
{
   «apiVersion»: «v1»,
    "kind": "Pod",
    "metadata": {
        "name": "app"
    },
```

```
    "spec": {
        "containers": [
            {
                "name": "app",
                  "image": "registry.cn-hangzhou.aliyuncs.com/
kube-easy/app:latest",
                "command": [
                    "app"
                ],
                "ports": [
                    {
                        "containerPort": 2580
                    }
                ]
            }
        ]
    }
}
```

5.3.4 日志级别

集群调度算法被实现为运行在 Master 节点上的系统组件，这一点和 API Server 类似。其对应的进程名是 kube-scheduler。

kube-scheduler 支持多个级别的日志输出，但社区并没有提供详细的日志级别说明文档。在查看调度算法对节点进行筛选、打分的过程中，我们需要把日志级别提高到 10，即加入参数 --v=10。

```
kube-scheduler --address=127.0.0.1 --kubeconfig=/etc/
kubernetes/scheduler.conf --leader-elect=true --v=10
```

5.3.5 创建 Pod

使用 curl，以证书和 Pod 配置文件等作为参数，通过 POST 请求访问 API Server 的接口，我们可以在集群里创建对应的 Pod。

```
# curl -X POST -H 'Content-Type: application/json;charset=utf-8' --cert ./client.crt --cacert ./ca.crt --key ./client.key https://xx.xx.197.238:6443/api/v1/namespaces/default/pods -d@app.json
```

5.3.6　预选

预选是 Kubernetes 调度的第一步，这一步要做的事情，是根据预先定义的规则，把不符合条件的节点过滤掉。不同版本的 Kubernetes 所实现的预选规则有很大的不同，但基本趋势是，预选规则会越来越丰富。

比较常见的两个预选规则是 PodFitsResourcesPred 和 PodFitsHostPortsPred。前一个规则用来判断一个节点上的剩余资源能不能满足 Pod 的需求，后一个规则检查一个节点上某一个端口是不是已经被其他 Pod 所使用了。

以下日志是调度算法在处理测试 Pod 时输出的预选规则的日志。这段日志记录了预选规则 CheckVolumeBindingPred 的执行情况。某些类型的存储卷只能挂载到一个节点上，这个规则可以过滤掉不满足 Pod 对存储卷需求的节点。

预选规则 CheckVolumeBindingPred 日志：

```
16:31:46.097307 scheduler_binder.go FindPodVolumes for pod "default/app" node cn-hangzhou.i-bp1e5ayvk7vmtiutcttc
16:31:46.097330 predicates.go All PVCs found matches for pod default/app node cn-hangzhou.i-bp1e5ayvk7vmtiutcttc
16:31:46.097363 predicates.go Schedule Pod default/app on Node is allowed
16:31:46.097394 scheduler_binder.go FindPodVolumes for pod "default/app" node cn-hangzhou.i-bp1e5ayvk7vmtiutcttd
16:31:46.097429 predicates.go All PVCs found matches for pod default/app node cn-hangzhou.i-bp1e5ayvk7vmtiutcttd
16:31:46.097443 predicates.go Schedule Pod default/app on Node is allowed
16:31:46.097457 scheduler_binder.go FindPodVolumes for pod "default/app" node cn-hangzhou.i-bp1e5ayvk7vmtiutctte
```

```
16:31:46.097466 predicates.go  All PVCs found matches for pod
default/app node cn-hangzhou.i-bp1e5ayvk7vmtiutctte
16:31:46.097478 predicates.go  Schedule Pod default/app on Node
is allowed
```

从 app 的编排文件里可以看到，Pod 对存储卷并没有什么需求，所以这个条件并没有过滤掉节点。

5.3.7 优选

调度算法的第二个阶段是优选阶段。在这个阶段，kube-scheduler 会根据节点可用资源及其他一些规则给剩余节点打分。

目前，CPU 和内存是调度算法考量的两种主要资源，但考量的方式并不是简单地认为剩余 CPU、内存资源越多得分就越高。

日志记录了两种计算方式：LeastResourceAllocation 和 BalancedResourceAllocation。前一种方式计算 Pod 调度到节点之后，节点剩余 CPU 和内存占总 CPU 和内存的比例，比例越大得分就越高；第二种方式计算节点上 CPU 和内存使用比例之差的绝对值，绝对值越大得分就越低。

- 资源打分。

```
16:31:46.097681 resource_allocation.go  app -> cn-hangzhou.
i-bple5ayvk7vmtiutcttc: BalancedResourceAllocation capacity
4000 millicores 7153864704 memory bytes total request 6250
millicores 12983947264 memory bytes score 7
16:31:46.097693 resource_allocation.go  app -> cn-hangzhou.
i-bple5ayvk7vmtiutcttc: LeastResourceAllocation capacity
4000 millicores 7153864704 memory bytes total request 6250
millicores 12983947264 memory bytes score 2
16:31:46.097702 resource_allocation.go  app -> cn-hangzhou.
i-bple5ayvk7vmtiutcttd: BalancedResourceAllocation capacity
4000 millicores 7153864704 memory bytes total request 6375
millicores 13961220096 memory bytes score 6
16:31:46.097711 resource_allocation.go  app -> cn-hangzhou.
```

```
i-bple5ayvk7vmtiutcttd: LeastResourceAllocation capacity
4000 millicores 7153864704 memory bytes total request 6375
millicores 13961220096 memory bytes score 2
16:31:46.097722 resource_allocation.go  app -> cn-hangzhou.
i-bp1e5ayvk7vmtiutctte: BalancedResourceAllocation capacity
4000 millicores 7153864704 memory bytes total request 6355
millicores 13101387776 memory bytes score 7
16:31:46.097733 resource_allocation.go  app -> cn-hangzhou.
i-bple5ayvk7vmtiutctte: LeastResourceAllocation capacity
4000 millicores 7153864704 memory bytes total request 6355
millicores 13101387776 memory bytes score 2
```

这两种方式，第一种倾向于选出资源使用率较低的节点，第二种希望选出两种资源使用比例接近的节点。这两种方式有一些矛盾，最终依靠一定的权重来平衡这两个因素。

除了资源之外，优选算法会考虑其他一些因素，比如 Pod 与节点的亲和性，或者当一个服务由多个相同 Pod 组成时，多个 Pod 在不同节点上的分散程度，这是保证高可用的一种策略。

- 其他因素打分。

```
16:31:46.097869 generic_scheduler.go app -> cn-hangzhou.
i-bp1e5ayvk7vmtiutcttc: TaintTolerationPriority, Score: (10)
16:31:46.097878 generic_scheduler.go app -> cn-hangzhou.
i-bple5ayvk7vmtiutottd: TaintTolerationPriority, Score: (10)
16:31:46.097882 generic_scheduler.go app -> cn-hangzhou.
i-bp1e5ayvk7vmtiutctte: TaintTolerationPriority, Score: (10)
16:31:46.097896 interpod_affinity.go app -> cn-hangzhou.
i-bp1e5ayvk7vmtiutcttc: InterPodAffinityPriority, Score: (0)
16:31:46.097904 interpod_affinity.go app -> cn-hangzhou.
i-bp1e5ayvk7vmtiutcttd: InterPodAffinityPriority, Score: (0)
16:31:46.097912 interpod_affinity.go app -> cn-hangzhou.
i-bp1e5ayvk7vmtiutotte: InterPodAffinityPriority, Score: (0)
16:31:46.097929 generic_scheduler.go app -> cn-hangzhou.
```

```
i-bp1e5ayvk7vmtiutottc: NodeAffinityPriority, Score: (0)
16:31:46.097937 generic _ scheduler.go app -> cn-hangzhou.
i-bp1e5ayvk7vmtiutcttd: NodeAffinityPriority, Score: (0)
16:31:46.097942 generic _ scheduler.go app -> cn-hangzhou.
i-bp1e5ayvk7vmtiutctte: NodeAffinityPriority, Score: (0)
16:31:46.097973 selector _ spreading.go app -> cn-hangzhou.
i-bp1e5ayvk7vmtiutcttc: SelectorSpreadPriority, Score: (10)
16:31:46.097983 selector _ spreading.go app -> cn-hangzhou.
i-bp1e5ayvk7vmtiutottd: SelectorSpreadPriority, Score: (10)
16:31:46.097992 selector _ spreading.go app -> cn-hangzhou.
i-bp1e5ayvk7vmtiutctte: SelectorSpreadPriority, Score: (10)
```

5.3.8 得分

最后，调度算法会让所有的得分乘它们的权重，然后求和得到每个节点最终的得分。因为测试集群使用的是默认调度算法，而默认调度算法把日志中出现的得分项所对应的权重都设置成了 1，所以如果按日志里有记录的得分项来计算，最终三个节点的得分应该分别是 29、28 和 29。

- 节点得分。

```
16:31:46.098026 generic _ scheduler. go Host cn-hangzhou.
i-bp1e5ayvk7vmtiutcttc => Score 100029
16:31:46.098035 generic _ scheduler.go Host cn-hangzhou.
i-bp1e5ayvk7vmtiutcttd => Score 100028
16:31:46.098040 generic scheduler.go Host cn-hangzhou.
i-bp1e5ayvk7vmtiutctte => Score 100029
```

之所以会出现日志输出的得分和我们自己计算的得分不一致的情况，是因为日志并没有输出所有的得分项，猜测漏掉的策略应该是 NodePreferAvoidPodsPriority，这个策略的权重是 10 000，每个节点得分为 10，所以才得出日志最终输出的结果。

5.4　总结

在本章中，我们以一个简单的容器化 Web 程序为例，着重分析了客户端怎么样通过 Kubernetes 集群 API Server 认证，以及容器应用怎么样被分配到合适的节点这两件事情。

在分析过程中，我们弃用了一些便利的工具，比如 kubectl 和控制台。我们用了一些更接近底层的方法，比如拆解 KubeConfig 文件，再比如分析调度器日志来分析认证和调度算法的运作原理。希望这些对大家进一步理解 Kubernetes 集群有所帮助。

第6章

简洁的服务模型

在 CNCF（云原生计算基金会）对云原生的定义中，容器、微服务、服务网格、不可变基础设施和声明式 API 被作为云原生的代表性技术。其中的容器、不可变基础设施和声明式 API 的作用是建立一个自动化的、容错性强的应用承载平台；而微服务和服务网格的作用则是为应用提供优秀的内部模块间的互通机制和对外服务接口机制。

Kubernetes 作为云原生的操作系统，实现了一套默认的服务机制。这套机制的特点是足够健壮且足够简单，基本上能够满足大多数业务需求，用户可以在这套机制的基础上搭建自己的微服务环境。

虽然 Kubernetes 的服务机制上手比较容易，但是在对云上海量问题的处理过程中，我们发现大多数工程师对服务机制，或者说机制背后的原理不是很清楚，这会严重影响工程师的运维开发效率。

本章以 Kubernetes 服务为主题，希望通过深入的解释，可以让读者理解服务的本质及实现原理。

6.1　服务的本质是什么

从概念上来讲，Kubernetes 集群的服务，其实就是负载均衡或反向代理。这跟阿里云的负载均衡产品有很多类似的地方。和负载均衡一样，服务有它的 IP 地址以及前端端口，同时服务后面会挂载多个容器组作为其“后端服务器”，这些“后端服务器”有自己的 IP 地址以及监听端口，如图 6-1 所示。

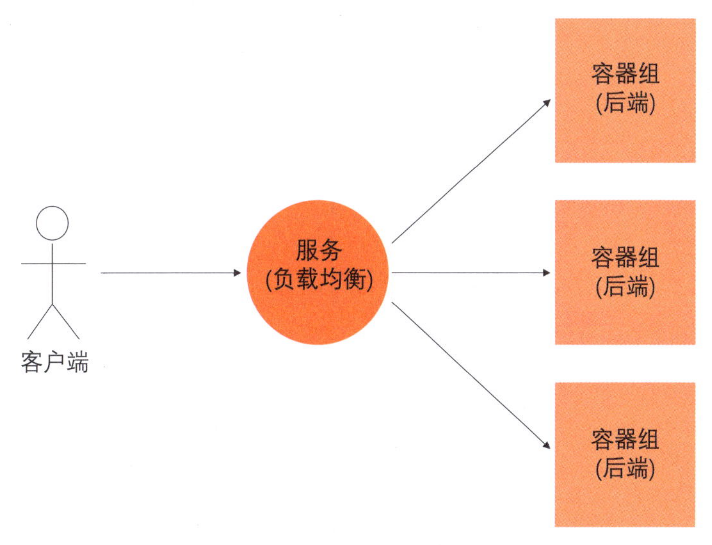

图 6-1　Kubernetes 服务的本质

当这样的负载均衡和后端的架构与 Kubernetes 集群结合的时候，我们可以想到的最直观的实现方式，就是集群中某一个节点专门做负载均衡（类似 Linux 虚拟服务器）的角色（见图 6-2），而其他节点则用来承载后端容器组。

这样的实现方法有一个巨大的缺陷，就是单点问题。Kubernetes 集群是 Google 多年来自动化运维实践的结晶，这样的实现显然与其自动化运维的哲学是相背离的。

6.2　自带通信员

边车（sidecar）模式是微服务领域的核心概念。边车模式换一个通俗一点的说法，就是自带通信员模式。熟悉服务网格的读者肯定对它很熟悉了，但是可能很少有人注意到，其实 Kubernetes 集群原始服务的实现，也是基于边车模式的，如图 6-3 所示。

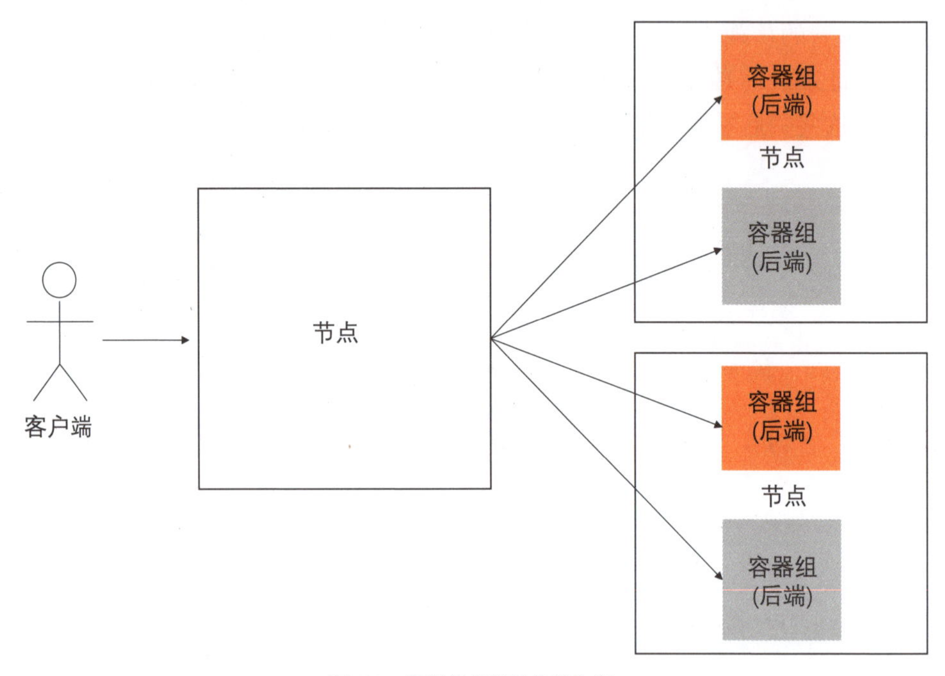

图 6-2　集群节点实现负载均衡

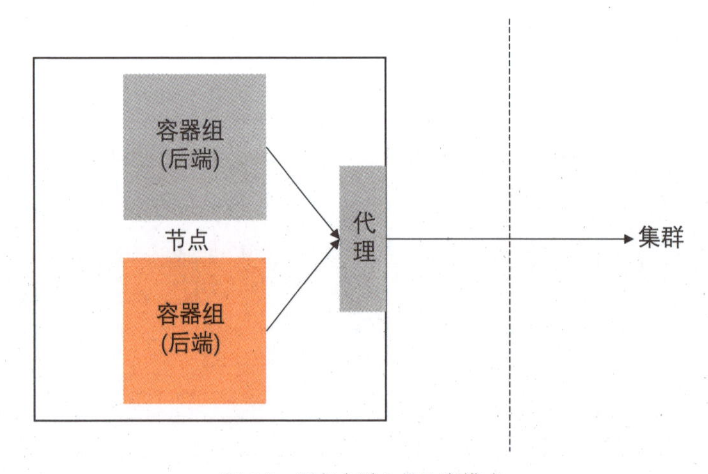

图 6-3　服务本质上是边车模式

在 Kubernetes 集群中，服务的实现实际上是为每一个集群节点部署了一个反向代理 sidecar。而所有对集群服务的访问，都会被节点上的反向代理转换成对服务后端容器组的访问。基本上，节点和这些 sidecar 的关系如图 6-4 所示。

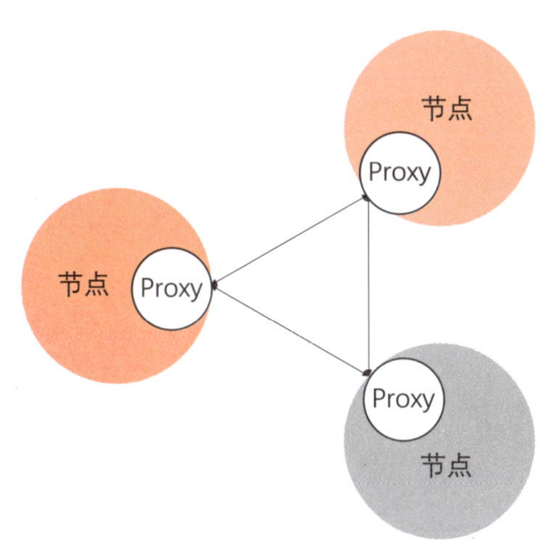

图 6-4　节点和服务关系图

6.3　让服务照进现实

我们在前面两节中看到了，Kubernetes 集群的服务本质上是负载均衡，即反向代理；同时我们知道了，在具体实现中，这个反向代理，并不是部署在集群某一个节点上的，而是作为集群节点的 sidecar 部署在每个节点上的。

在这里让服务“照”进反向代理这个“现实”的，是 Kubernetes 集群的一个控制器，即 kube-proxy。简单来说，kube-proxy 作为部署在集群节点上的控制器，通过集群 API Server 监听着集群状态变化。当有新的服务被创建的时候，kube-proxy 会把集群服务的状态、属性，翻译成反向代理的配置，整个过程如图 6-5 所示。

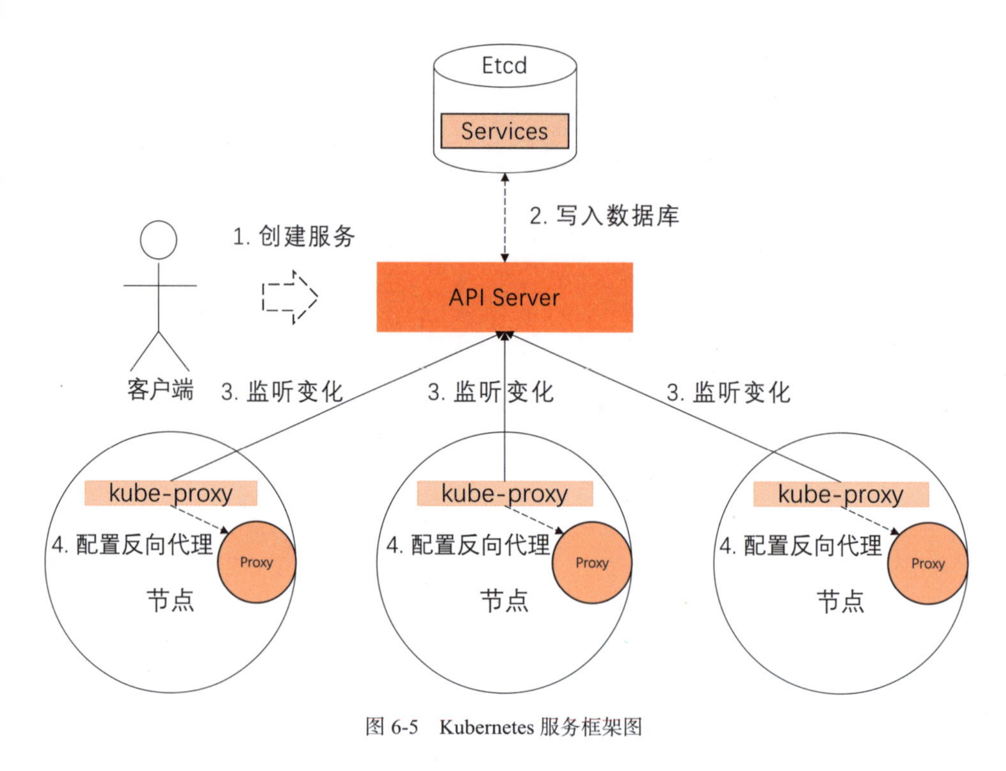

图 6-5 Kubernetes 服务框架图

那剩下的问题就是反向代理（即图 6-5 中的 Proxy）的实现了。

6.4 基于 Netfilter 的实现

Kubernetes 集群节点实现服务反向代理的方法目前主要有三种，即 userspace、iptables 以及 ipvs。本章以阿里云 Flannel 集群网络为范本，仅对基于 iptables 的服务实现做深入讨论。

6.4.1 过滤器框架

现在我们来设想一种场景。我们有一间屋子，这间屋子的水管有一个入口和一个出口。从入口进入的水是不能直接饮用的，因为有杂质，而我们期望从出口流出的水可以直接饮用。为了达到目的，我们切开水管，在中间加一个杂质过滤器，如图 6-6 所示。

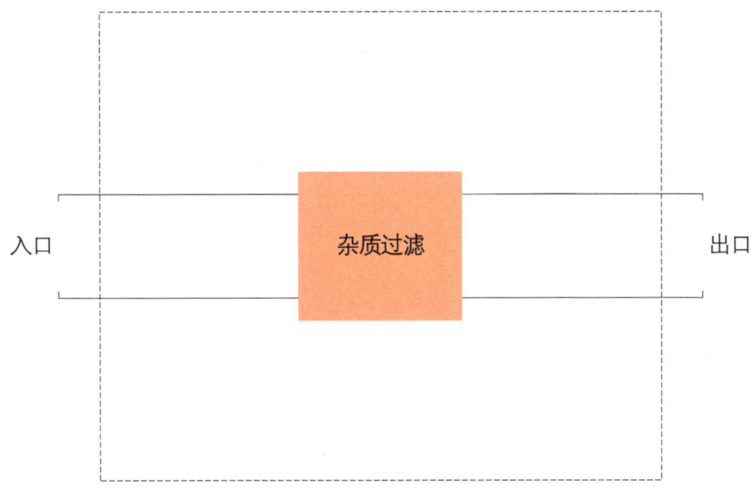

图 6-6　有杂志过滤功能的水管

过了几天，我们的需求变了，我们不仅要求从屋子里流出来的水可以直接饮用，还希望水是热水。所以我们不得不再在水管上增加一个切口，并增加一个“温度过滤器”，即加热器。改变后的状态如图 6-7 所示。

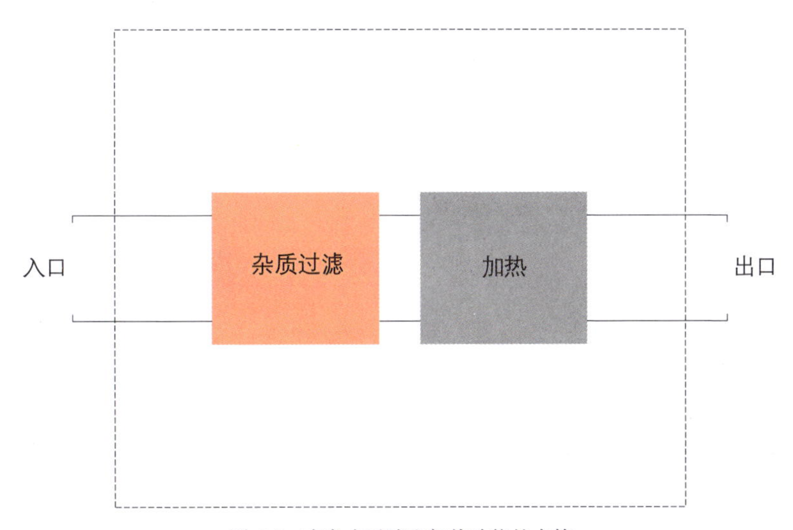

图 6-7　有杂志过滤和加热功能的水管

很明显，这种切开水管增加新功能的方法是很原始的，因为需求可能随时会变。我们甚至很难保证，在经过一年半载之后，这根水管还能找得到可以被切开的地方。所以我们需要重新设计一个方案。

首先我们不能随便切开水管，所以我们要把水管的切口固定下来。以上面的场景为例，我们确保水管只能有一个切口。其次，我们抽象出水的两种变化：物理变化和化学变化，从而可以设计两种处理方式。修改后的结构如图 6-8 所示。

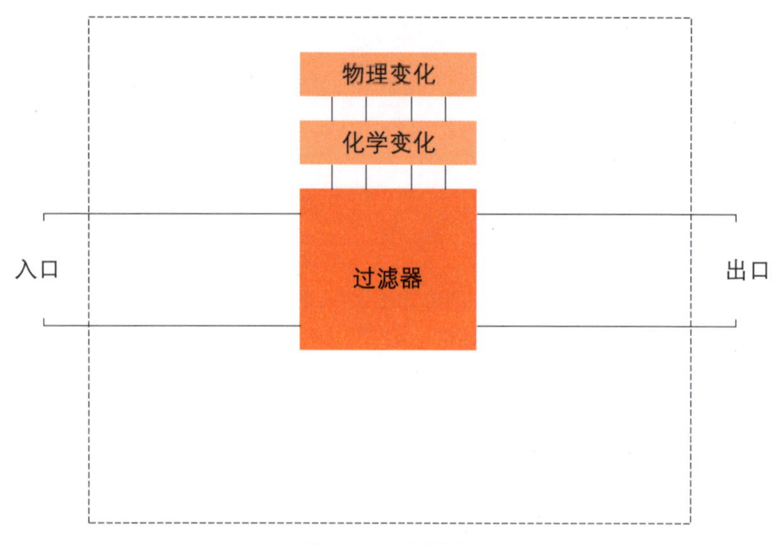

图 6-8 过滤器框架

基于以上的设计，如果我们需要过滤杂质，就可以在化学变化这个功能模块里增加一条过滤杂质的规则（仅用于说明模型，实际水处理过程中，过滤杂质涉及化学变化和物理变化）；如果我们需要增加温度的话，就可以在物理变化这个功能模块里增加一条加热的规则。这种过滤器框架显然比切水管的方式要优秀很多。

设计这个框架，我们主要做了两件事情，一个是固定水管切口位置，另外一个是抽象并设计出两种水处理方式。理解了这两件事情之后，我们可以来看一下 iptables，或者更准确的名称——Netfilter 的工作原理。

Netfilter 实际上就是一个过滤器框架。Netfilter 在网络包收发及路由的“管道”上，一共“切”了 5 个口，分别是 PREROUTING、FORWARD、POSTROUTING、INPUT 以及 OUTPUT，同时 Netfilter 定义了包括 NAT、Filter 在内的若干个网络包处理方式。Netfilter 框架如图 6-9 所示。

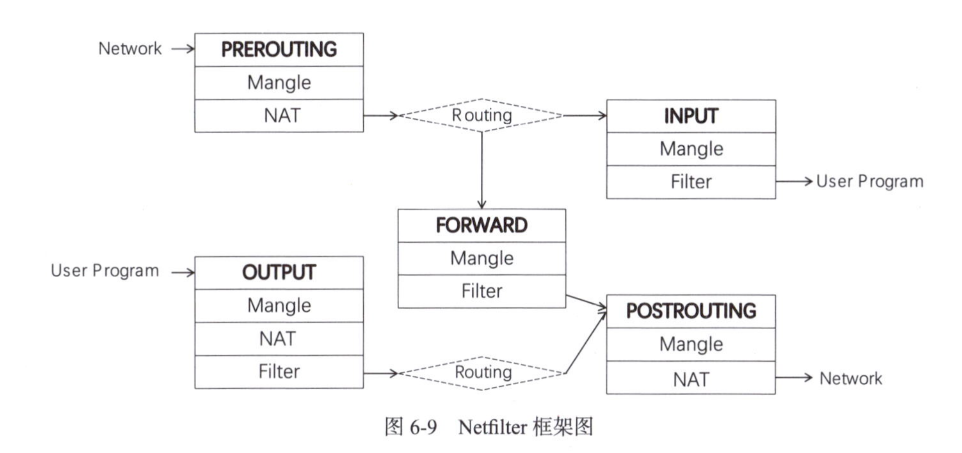

图 6-9　Netfilter 框架图

需要注意的是，Routing 和 FORWARD 很大程度上增加了以上 Netfilter 的复杂程度，如果我们不考虑 Routing 和 FORWARD，那么 Netfilter 会变得和我们的水过滤器框架一样简单。

6.4.2　节点网络大图

现在我们参考图 6-10 所示的 Kubernetes 集群节点网络全貌。横向来看，节点上的网络环境被分割成不同的网络命名空间，包括主机网络命名空间和 Pod 网络命名空间；纵向来看，每个网络命名空间包括完整的网络栈：从应用到协议栈，再到网络设备。

在网络设备这一层，我们通过 cni0 虚拟网桥组建出系统内部的一个虚拟局域网。Pod 网络通过 Veth 对连接到这个虚拟局域网内，cni0 虚拟局域网通过主机路由以及网口 eth0 与外部通信。

在网络协议栈这一层，我们可以通过在 Netfilter 过滤器框架上编程，来实现集群节点的反向代理。

实现反向代理，归根结底就是做 DNAT，即把发送给集群服务 IP 地址和端口的数据包，修改成发给具体容器组的 IP 地址和端口。参考图 6-9 中的 Netfilter 过滤器框架，我们知道，在 Netfilter 里，可以通过在 PREROUTING、OUTPUT 以及 POSTROUTING 三个位置加入 NAT 规则，来改变数据包的源地址或目的地址。

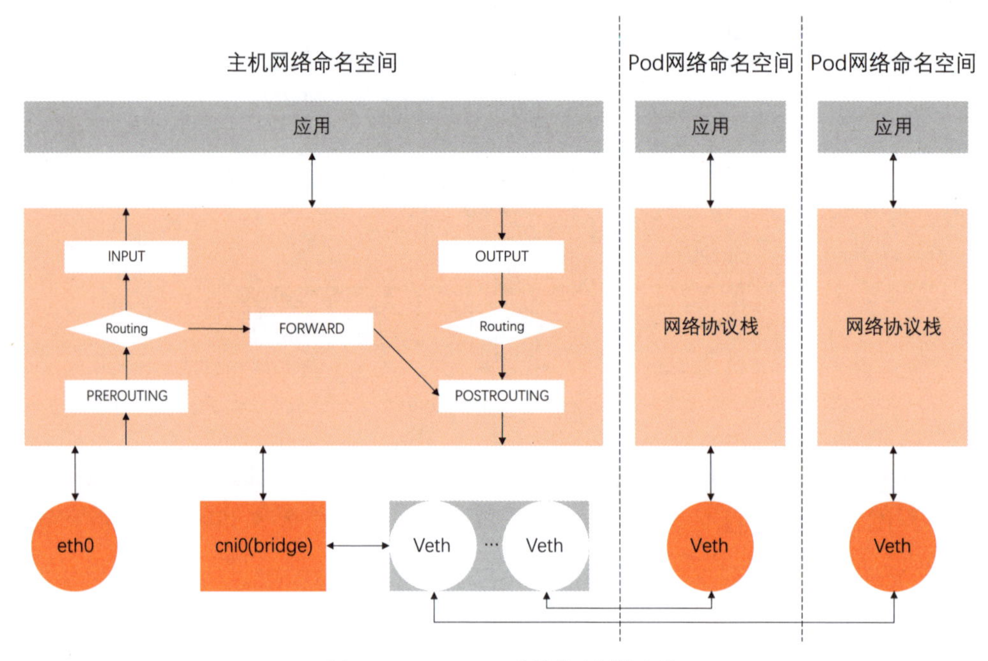

图 6-10　Kubernetes 集群节点网络全貌

因为这里需要做的是 DNAT，需要改变目的地址，这样的修改必须在路由（Routing）之前发生以保证数据包可以被路由正确处理，所以实现反向代理的规则，需要被加到 PREROUTING 和 OUTPUT 两个位置。

其中，PREROUTING 的规则用来处理从 Pod 访问服务的流量。数据包从 Pod 网络 Veth 发送到 cni0 之后，进入主机协议栈，首先会经过 Netfilter PREROUTING 的处理，所以发给服务的数据包，会在这个位置做 DNAT。经过 DNAT 处理之后，数据包的目的地址变成另外一个 Pod 的地址，从而经过主机路由转发到 eth0，发送给正确的集群节点。

而添加在 OUTPUT 这个位置的 DNAT 规则，则用来处理从主机网络发给服务的数据包，原理也是类似的，即在经过路由之前修改目的地址，以方便路由转发。

6.4.3　升级过滤器框架

在“过滤器框架”一节，我们看到 Netfilter 是一个过滤器框架。Netfilter

在数据“管道”上“切”了 5 个口，分别在这 5 个口上做了一些数据包处理工作。虽然固定切口位置以及网络包处理方式分类已经极大地优化了过滤器框架，但是有一个关键的问题，就是我们还是得在管道上做修改以满足新的功能。换句话说，这个框架没有做到管道和过滤功能两者的彻底解耦。

为了实现管道和过滤功能两者的解耦，Netfilter 用了表这个概念。表就是 Netfilter 的过滤中心，其核心功能是过滤方式的分类（表），以及每种过滤方式中过滤规则的组织（链），如图 6-11 所示。

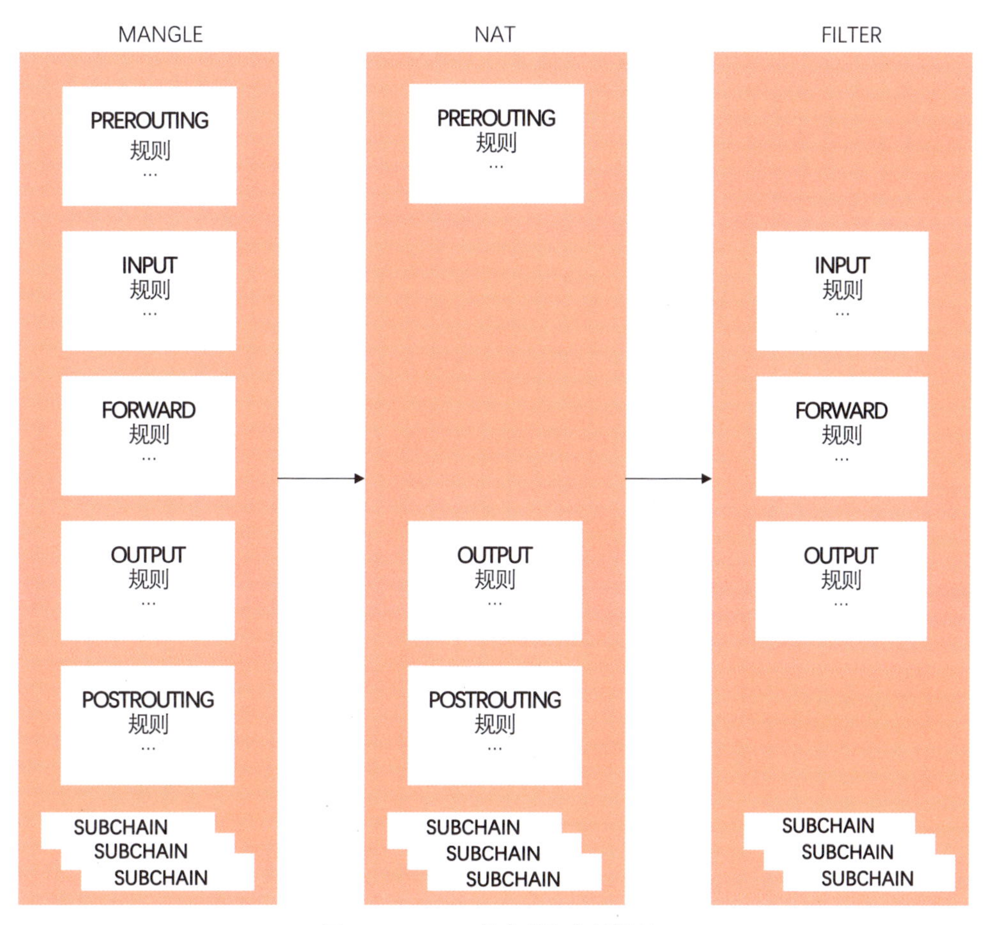

图 6-11　Netfilter 是典型的过滤器框架

把管道和过滤功能解耦之后，所有对数据包的处理都变成了对表的配置。

而管道上的 5 个切口，仅仅变成了流量的出入口，负责把流量发送到过滤中心，并把处理之后的流量沿着管道继续传送下去。

Netfilter 把表中的规则组织成链。表中有针对每个管道切口的默认链，也有我们自己加入的自定义链。默认链是数据的入口，默认链可以通过跳转到自定义链来完成一些复杂的功能。这里允许增加自定义链的好处是显然的。为了完成一个复杂的过滤功能，比如实现 Kubernetes 集群节点的反向代理，我们可以使用自定义链来使我们的规则模块化。

6.4.4 用自定义链实现服务的反向代理

集群服务的反向代理，实际上就是利用自定义链，模块化地实现了数据包的 DNAT 转换。KUBE-SERVICE 是整个反向代理的入口链，其对应所有服务的总入口；KUBE-SVC-XXXX 链是具体某一个服务的入口链。KUBE-SERVICE 链会根据服务 IP 地址，跳转到具体服务的 KUBE-SVC-XXXX 链。KUBE-SEP-XXXX 链代表着某一个具体 Pod 的地址和端口，即 Endpoint，具体服务链 KUBE-SVC-XXXX 会按照一定的负载均衡算法跳转到 Endpoint 链。其整体结构如图 6-12 所示。

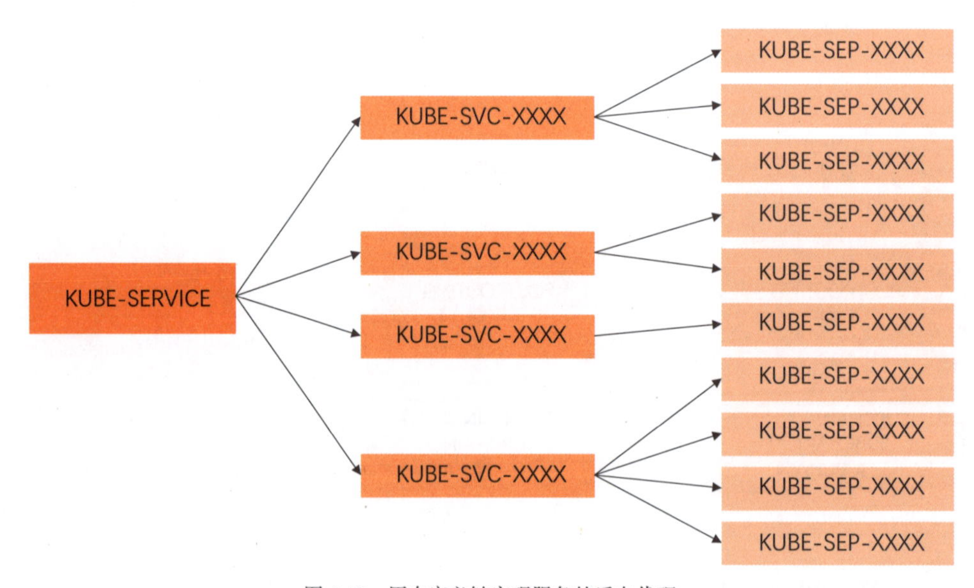

图 6-12　用自定义链实现服务的反向代理

而如前文中提到的，因为这里需要做的是 DNAT，即改变目的地址，这样的修改必须在路由之前发生以保证数据包可以被路由正确处理，所以 KUBE-SERVICE 会被 PREROUTING 和 OUTPUT 两个默认链所调用。

6.5　总结

读完本章后，大家应该对 Kubernetes 集群服务的概念以及实现有了更深层次的认识。我们需要把握三个要点：

- 服务本质上是负载均衡。
- 服务负载均衡的实现采用了与服务网格类似的边车模式，而不是 LVS 类型的独占模式。
- kube-proxy 本质上是一个集群控制器。

除此之外，我们思考了过滤器框架的设计，并在此基础上，理解了使用 iptables 实现的服务负载均衡的原理。

第7章 监控与弹性能力

云原生应用的设计理念已经被越来越多的开发者接受与认可，而 Kubernetes 作为云原生的标准接口实现，已经成了整个技术栈的中心。

云服务的能力可以通过 Cloud Provider、CRD Controller、Operator 等方式从 Kubernetes 的标准接口向业务层透出。开发者可以基于 Kubernetes 来构建自己的云原生应用与平台，Kubernetes 成了构建平台的平台。

这一章内容以阿里云容器服务实现为范本，介绍一个云原生应用该如何在 Kubernetes 中无缝集成监控与弹性能力。

7.1 阿里云容器服务 Kubernetes 的监控总览

如图 7-1 所示，阿里云 Kubernetes 集群监控方案与云服务和开源方案深入结合，实现了完善的监控体系。

7.1.1 云服务集成

阿里云容器服务 Kubernetes 目前已经和四款监控云服务进行了“打通”，它们分别是 SLS（日志服务）、ARMS（应用实时监控服务）、AHAS（应用高

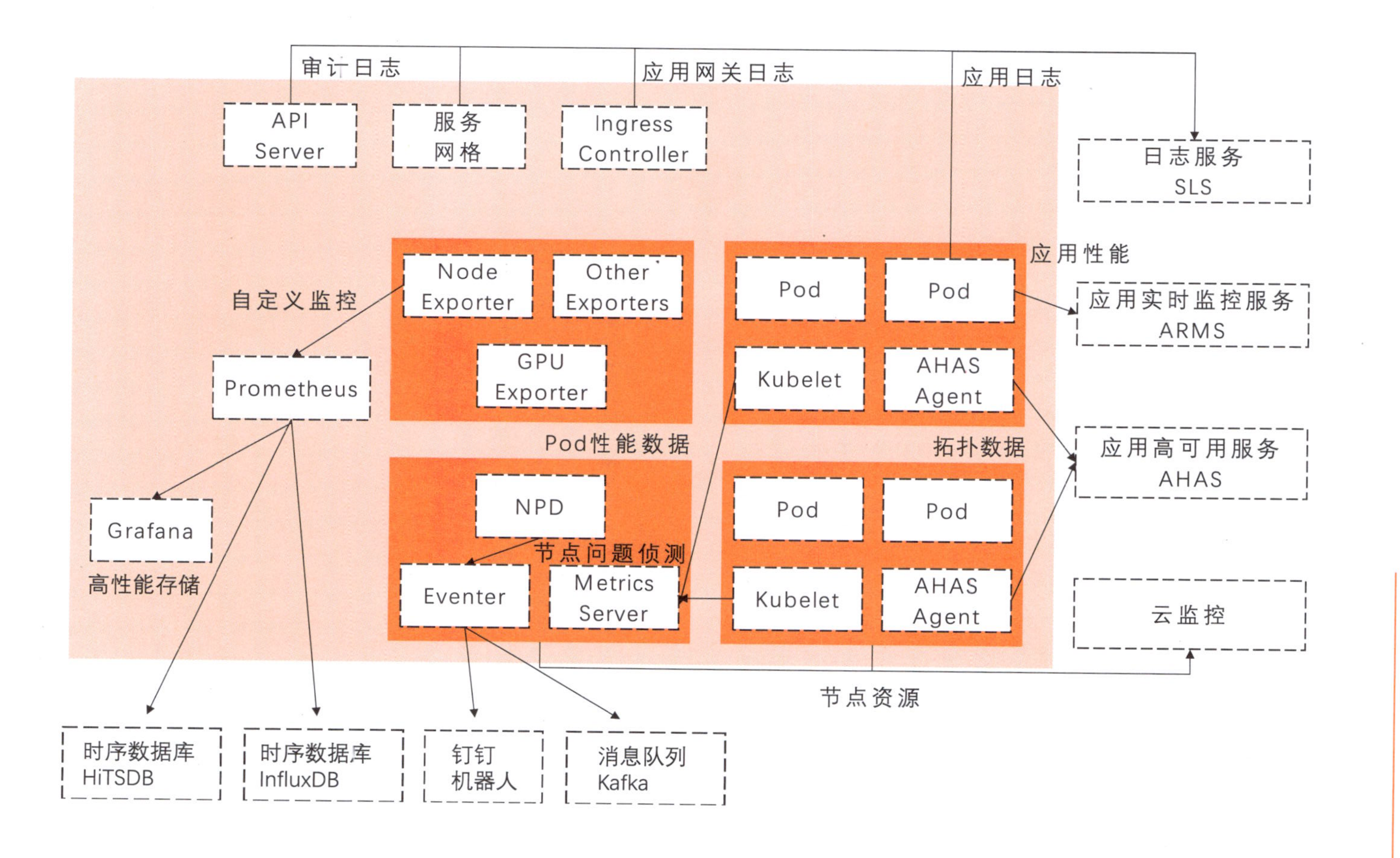

图 7-1 阿里云 Kubernetes 集群监控方案

可用服务）和 Cloud Monitor（云监控）。

SLS 主要负责日志的采集、分析。在阿里云容器服务 Kubernetes 中，SLS 可以采集三种不同类型的日志。

- API Server 等核心组件的日志。
- Service Mesh 和 Ingress 等接入层的日志。
- 应用的标准日志。

其中 Ingress 接入层控制台界面如图 7-2 所示。

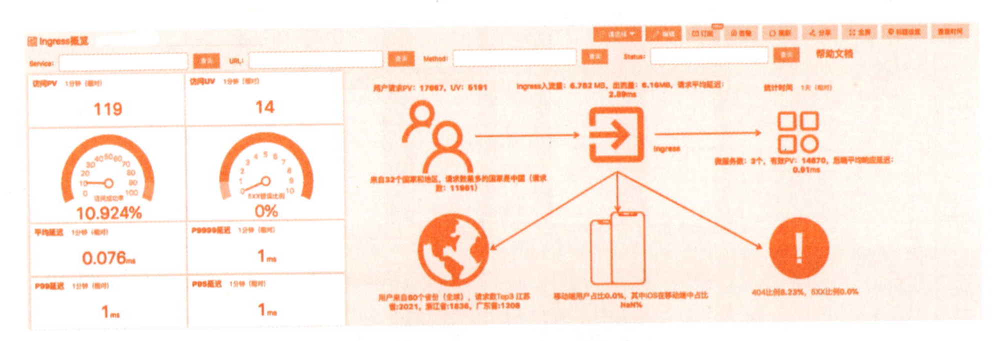

图 7-2 Ingress 接入层控制台界面

除了采集日志的标准链路外，SLS 还提供了上层的日志分析能力，默认提供了基于 API Server 的审计分析能力、接入层的可观测性展现、应用层的日志分析。

在阿里云容器服务 Kubernetes 中，日志组件已经默认安装，开发者只需要在集群创建时勾选即可。

如图 7-3 所示，ARMS（实时监控服务）主要负责采集、分析、展现应用的性能指标。ARMS 目前主要支持 Java 与 PHP 两种语言的集成，可以采集虚拟机（JVM）层的指标，例如 GC 的次数、应用的慢 SQL 查询操作、调用栈等，对于后期性能调优可以起到非常重要的作用。

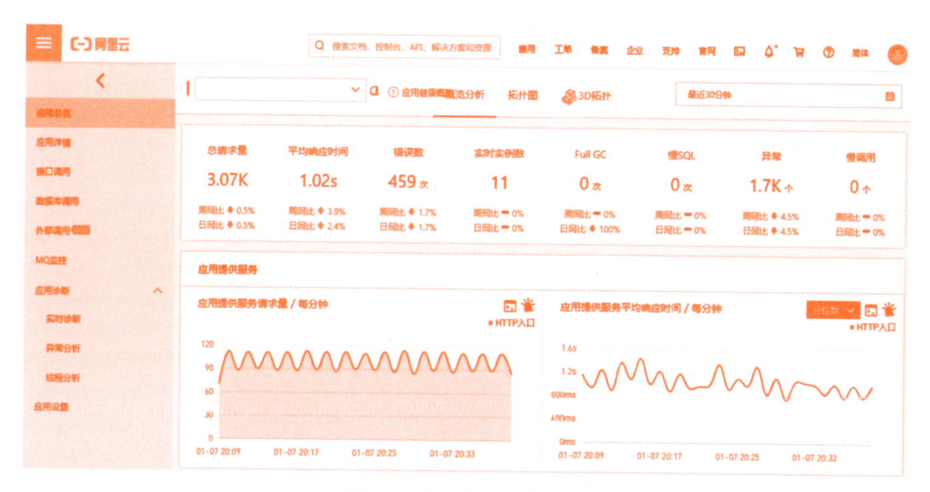

图 7-3　应用实时监控系统

AHAS 是架构感知监控，如图 7-4 所示。通常在 Kubernetes 集群中负载的类型大部分为微服务，微服务的调用拓扑也会比较复杂，因此当集群的网络链路出现问题时，如何快速定位问题、发现问题、诊断问题则成了最大的难题。AHAS 使用网络流量和走向数据，构造并展现出集群的拓扑结构，为业务提供了更高层次的问题诊断方式。

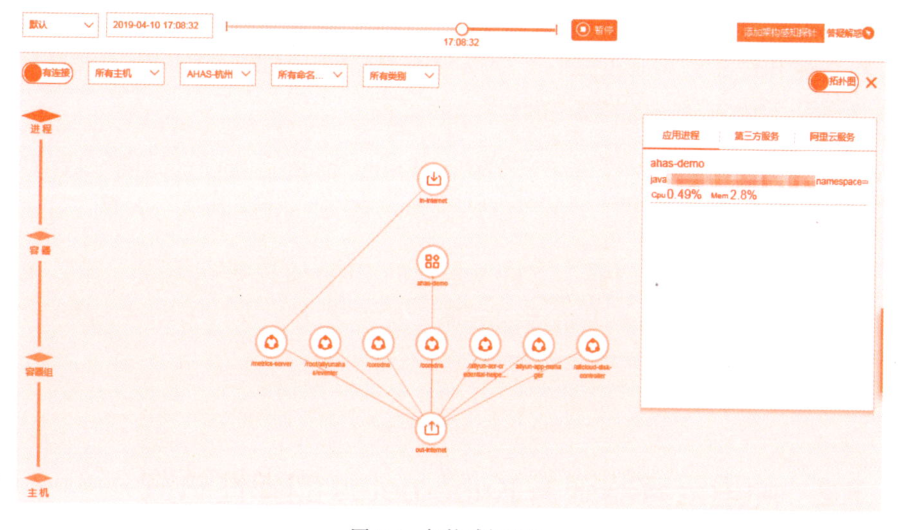

图 7-4　架构感知监控

7.1.2 开源集成方案

开源方案的兼容和集成也是阿里云容器服务 Kubernetes 监控能力的一部分，主要包含如下两个部分。

1. Kubernetes 内置监控组件的增强与集成

在 Kubernetes 社区中，heapster/metrics-server 是内置的监控方案，而且 Dashboard、HPA 等核心组件会依赖于这些内置监控能力提供的性能数据。

由于 Kubernetes 生态中组件的发布周期和 Kubernetes 的 release 不一定保证完全同步，造成了部分消费者限于监控能力在 Kubernetes 中存在监控问题。阿里云就这个问题做了 metrics-server 的增强，实现了版本的兼容。

此外，针对节点的诊断能力，阿里云容器服务增强了 NPD 的覆盖场景，支持了 FD 文件句柄的监测、NTP 时间同步的校验、出入网能力的校验等，并开源了 Eventer，支持收集离线 Kubernetes 的事件数据并发送给 SLS、Kafka 以及钉钉，实现 ChatOps。

2. Prometheus 生态的增强与集成

Prometheus 是 Kubernetes 生态中三方监控的事实标准，因此阿里云容器服务提供了其安装包供开发者一键集成。此外，我们还在如下三个层次做了增强。

- 存储和性能的增强：提供了产品级的存储能力支持（TSDB、InfluxDB），保证了持久高效的监控数据写入与查询。
- 采集指标的增强：修复了部分由于 Prometheus 自身设计缺陷造成的监控不准的问题，提供了 CPU 单卡、GPU 多卡、GPU 共享分片的 Exporter。
- 上层可观测性的增强：支持场景化的 CRD 监控指标集成，例如 Argo、Spark、TensorFlow 等组件的云原生监控能力，支持多租户场景下应用可观测性。

7.2 阿里云容器服务 Kubernetes 的弹性总览

阿里云容器服务 Kubernetes 主要包含如下两大类弹性组件：调度层弹性组件与资源层弹性组件，如图 7-5 所示。

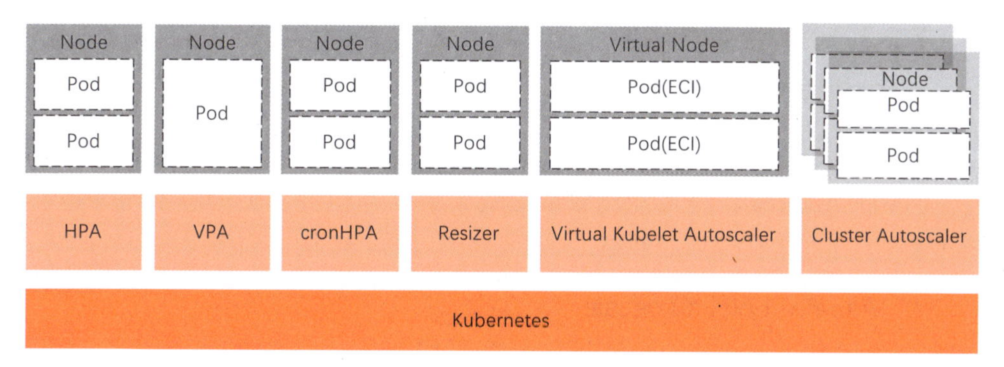

图 7-5　阿里云 Kubernetes 集群弹性方案

7.2.1　调度层弹性组件

调度层弹性组件是指所有的弹性动作都是和 Pod 相关的，与具体的资源情况无关。

1．HPA

HPA 是 Pod 水平伸缩的组件，除了社区支持的 Resource Metrics 和 Custom Metrics，阿里云容器服务 Kubernetes 还提供了 external-metrics-adapter，支持云服务的指标作为弹性伸缩的判断条件，目前已经支持多个产品不同维度的监控指标，例如 Ingress 的 QPS、RT，ARMS 中应用的 GC 次数、慢 SQL 次数，等等。

2．VPA

VPA 是 Pod 纵向伸缩的组件，主要面向有状态服务的扩容和升级场景。

3．cronHPA

cronHPA 是定时伸缩组件，主要面向的是周期性负载，通过资源画像可以预测有规律的负载周期，并通过周期性伸缩，实现资源成本的节约。

4．Resizer

Resizer 是集群核心组件的伸缩控制器，可以根据集群的 CPU 核数、节点的个数，实现线性和梯度两种不同的伸缩，目前主要面对的场景是核心组件的伸缩，例如 CoreDNS。

7.2.2 资源层弹性组件

对于资源层弹性组件，弹性的操作都是针对 Pod 和具体资源关系的。

1. Cluster Autoscaler

Cluster Autoscaler 是目前比较成熟的节点伸缩组件，主要应用场景是当 Pod 资源不足时进行节点的伸缩，并将无法调度的 Pod 调度到新弹出的节点上。

2. Virtual kubelet autoscaler

Virtual kubelet autoscaler 是阿里云容器服务 Kubernetes 开源的组件，和 Cluster Autoscaler 的原理类似，当 Pod 由于资源问题无法调度时，弹出的不是节点，而是将 Pod 绑定到虚拟节点上，并通过 ECI 的方式启动 Pod。

最后给大家做一个简单的方案演示。如图 7-6 所示，应用主体是 Apiservice，Apiservice 会通过 Sub-Apiservice 调用 Database，接入层通过 Ingress 进行管理。

我们通过 PTS 模拟上层产生的流量，通过 SLS 采集接入层的日志，通过 ARMS 采集应用的性能指标，并通过 Alibaba cloud metrics adapster 暴露 external metrics 触发 HPA 重新计算工作负载的副本，当伸缩的 Pod 占满集群资源时，触发 Virtual kubelet autoscaler 生成 ECI 承载超过集群容量规划的负载。

7.3 总结

在阿里云容器服务 Kubernetes 上使用监控和弹性能力是非常简单的，开发者只需一键安装相应的组件 Chart 即可完成接入，通过多维度的监控和弹性能力，可以让云原生应用在最低的成本下获得更高的稳定性和鲁棒性。

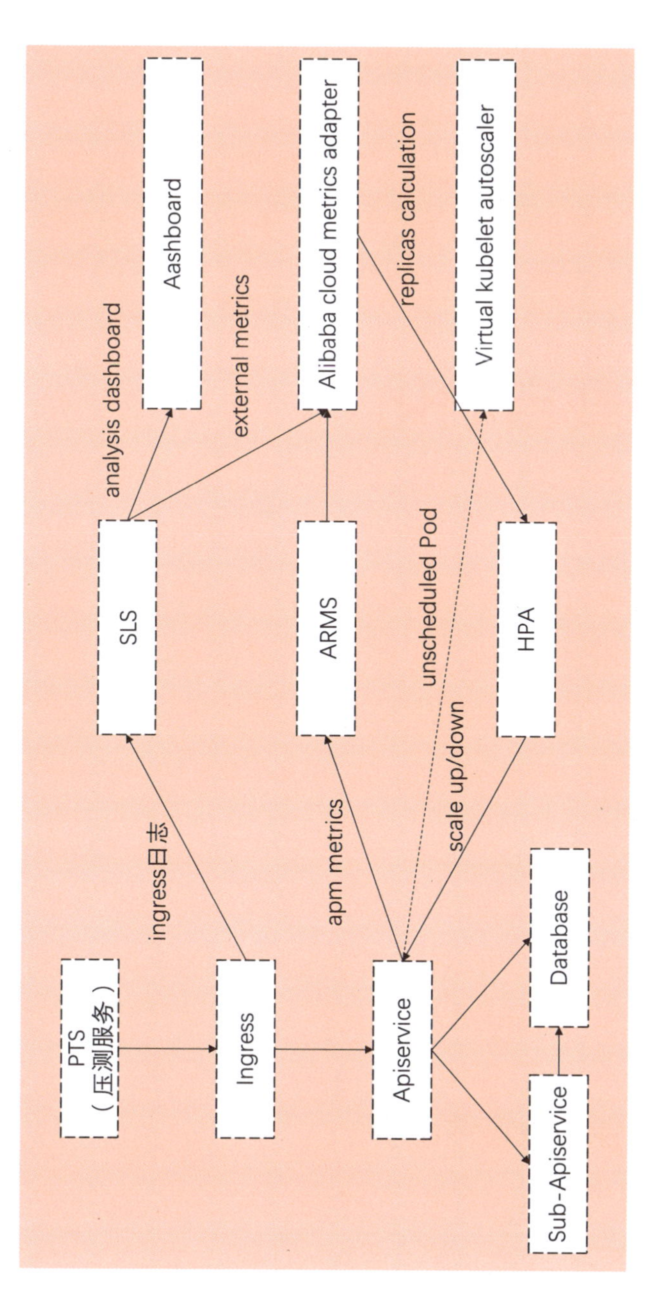

图 7-6　集群弹性方案示例

第 8 章 镜像下载自动化

与 Kubernetes 集群的其他功能相比，私有镜像的自动拉取看起来可能是比较简单的。而镜像拉取失败，大多数情况下都和权限有关。所以，在处理相关问题的时候，我们往往会轻松地说：这个问题很简单，肯定是权限问题。

但实际情况是，我们经常为一个问题花了很多时间却找不到原因。这主要还是因为我们对镜像拉取，特别是私有镜像自动拉取的原理理解不深。本章内容讨论镜像自动下载的相关原理。

从顺序上来说，私有镜像自动拉取会首先通过阿里云 ACR credential helper 组件，再经过 Kubernetes 集群的 API Server 和 Kubelet 组件，最后到 Docker 容器运行时。但是本章的叙述会从后往前，从最基本的 Docker 镜像拉取说起。

8.1 镜像下载这件小事

为了讨论方便，我们来设想一个场景。很多人会使用网盘来存放一些文件，像照片、文档之类。当我们需要存取文件的时候，我们需要向网盘提供用户名和密码，这样网盘就能验证我们的身份。这时，我们是文件资源的所有者，而网盘则扮演着资源服务器的角色。用户名和密码作为认证方式，保证只有我们自己可以存取自己的文件，如图 8-1 所示。

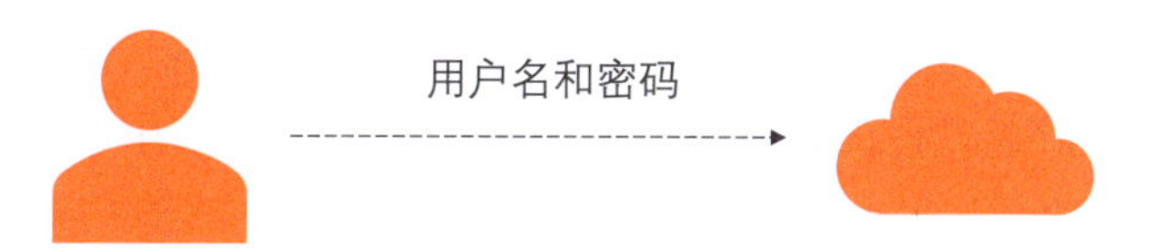

图 8-1　存取网盘数据

这个场景足够简单，但我们很快就会遇到新需求，我们需要使用一个在线制作相册的应用（以下简称相册）。按正常的使用流程，我们需要把网盘中的照片下载到本地，然后再把照片上传到相册中。

这个过程是比较烦琐的。我们能想到的优化方法是，让相册直接访问网盘来获取我们的照片。而这需要我们把用户名和密码的使用权授予相册。

这样的授权方式，优点显而易见，但缺点也是很明显的：我们把网盘的用户名和密码给了相册，相册就拥有了读写网盘的能力，从数据安全角度来看，这是很可怕的。

其实这是很多应用都会遇到的一般性场景，私有镜像拉取其实也是这样的场景。这里的镜像仓库就跟网盘一样，是资源服务器，而容器集群则是第三方服务，它需要访问镜像仓库获取镜像，如图 8-2 所示。

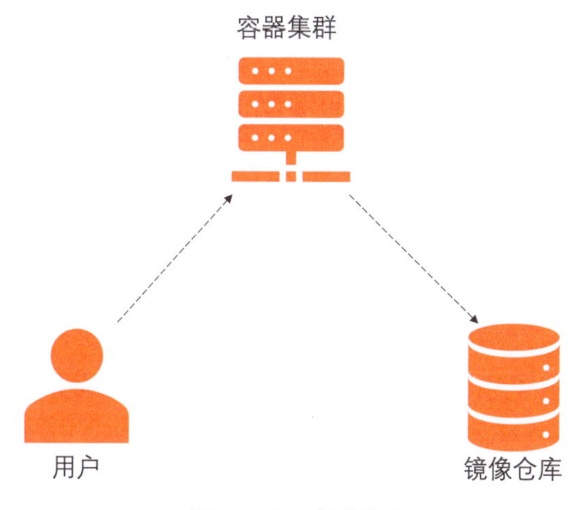

图 8-2　私有镜像拉取

8.2 理解 OAuth 2.0 协议

协议 OAuth 是为了解决上述问题设计的一种标准方案,我们的讨论针对 2.0 版。与把用户名和密码直接给第三方应用不同，此协议采用了一种间接的方式来达到同样的目的。

如图 8-3 所示，这个协议包括三个部分，分别是第三方应用获取用户授权、第三方应用获取临时 Token 以及第三方应用存取资源。

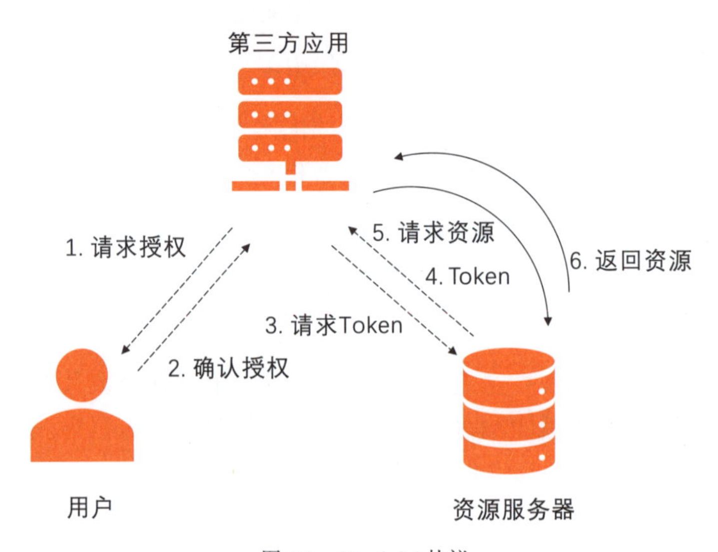

图 8-3　OAuth 2.0 协议

这六步理解起来不容易，主要是因为安全协议的设计，需要考虑协议的易证明性，所以我们换一种方式来解释这个协议。

简单来说，这个协议其实就做了两件事情：在用户授权的情况下，第三方应用获取 Token 所表示的临时访问权限，然后第三方应用使用这个 Token 去获取资源。

如果用网盘的例子来说明，那就是用户授权网盘为相册创建临时 Token，然后相册使用这个 Token 去网盘中获取用户的照片。

实际上 OAuth 2.0 各个变种的核心差别在于第一件事情，就是用户授权给资源服务器的方式。这个差别演化出图 8-4 中的四种情况。

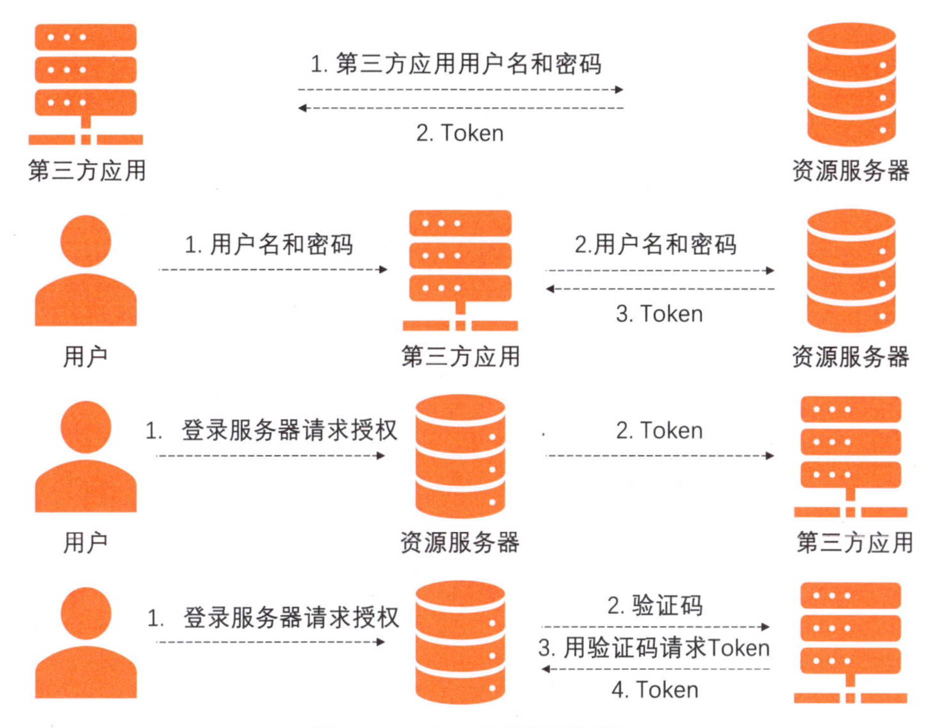

图 8-4　OAuth 2.0 协议的四种变化

第一种，也是最简单的一种。适用于第三方应用本身就拥有被访问资源控制权限的情况。在这种情况下，第三方应用只需要用自己的用户名和密码登录资源服务器并申请临时 Token 即可。

第二种，用户在对第三方应用足够信任的情况下，直接把用户名和密码给第三方应用，第三方应用使用用户名和密码向资源服务器申请临时 Token。

第三种，用户通过资源服务器提供的接口，登录资源服务器并授权让资源服务器为第三方应用发放 Token。

第四种，完整实现 OAuth 2.0 协议，也是最安全的。第三方应用首先获取以验证码表示的用户授权，然后用此验证码向资源服务器换取临时 Token，最后使用 Token 存取资源。

从上面的描述中我们可以看到，资源服务器实际上扮演了鉴权和资源管理两种角色，这两者分开实现的话，协议流程会变成图 8-5 这样。

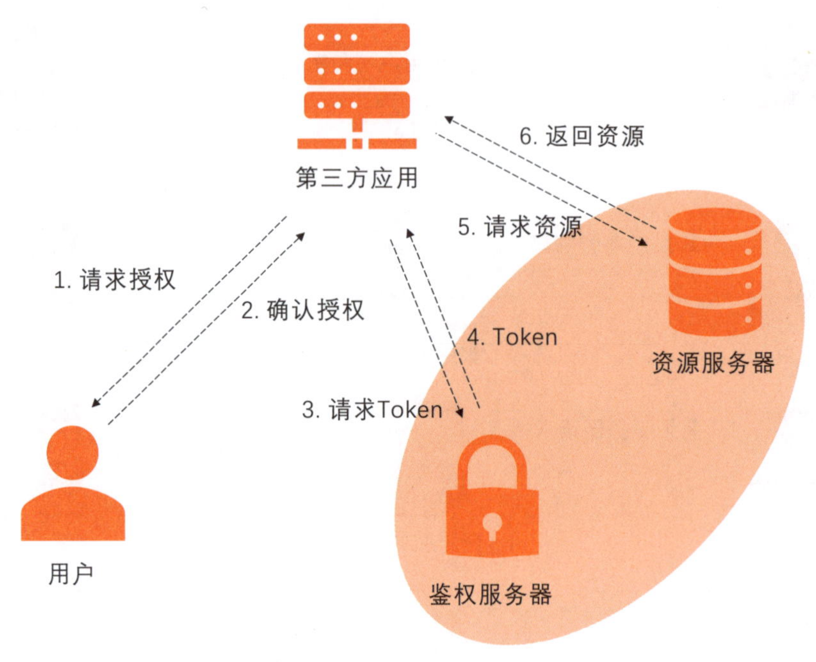

图 8-5　鉴权和资源服务器拆分

8.3　Docker 扮演的角色

8.3.1　整体结构

如图 8-6 所示，镜像仓库 Registry 的实现目前使用“把用户名和密码给第三方应用”的方式。即假设用户对 Docker 足够信任，用户直接将用户名和密码交给 Docker，然后 Docker 使用用户名和密码向鉴权服务器申请临时 Token。

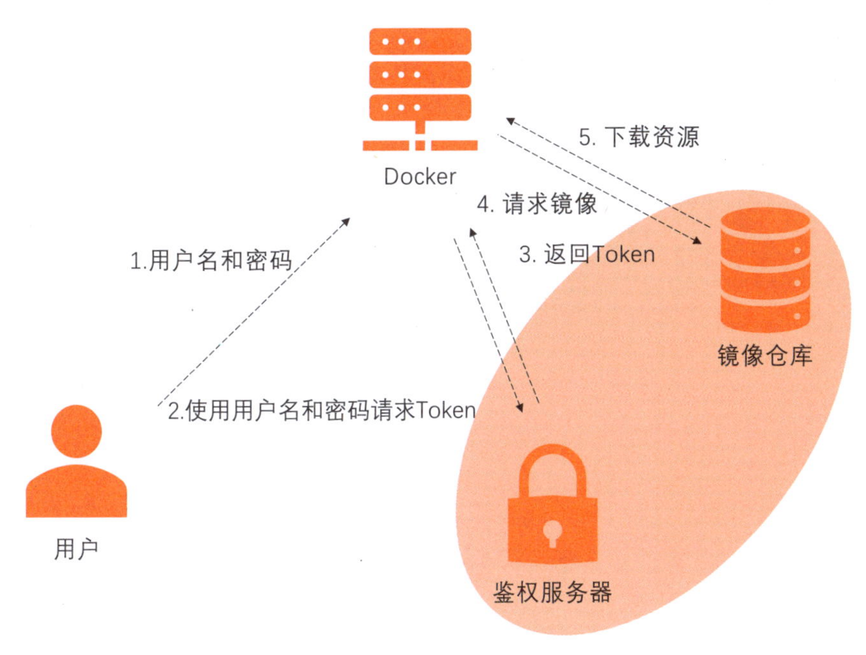

图 8-6　Docker 鉴权服务器的实现

8.3.2　理解 docker login

首先，我们在拉取私有镜像之前，要使用 docker login 命令来登录镜像仓库。这里的登录其实并没有和镜像仓库建立什么会话之类的关系。

登录主要做了三件事情。

第一件事情是向用户要用户名和密码。当执行登录命令时，这个命令会提示输入用户名和密码，这件事情对应的是图中的第一步。

```
[root@]# docker login registry.cn-shanghai.aliyuncs.com
Username: xxyyzz
Password: aabbcc
```

第二件事情，docker 访问镜像仓库的 HTTPS 地址，并通过挑战 v2 接口来确认接口是否会返回 Docker-Distribution-Api-Version 头字段。这件事情在图 8-6 中没有对应的步骤，它的作用跟 ping 差不多，只是确认一下 v2 镜像仓库是否在线，以及版本是否匹配。

```
[root@]# curl https://registry.cn-shanghai.aliyuncs.com/v2/ -v
About to connect() to registry.cn-shanghai.aliyuncs.com port
443 (#0)
Trying 139.196.71.17...
Connected to registry.cn-shanghai.aliyuncs.com (139.196.71.17)
port 443 (#0)
Initializing NSS with certpath: sql:/etc/pki/nssdb
CAfile: /etc/pki/tls/certs/ca-bundle.crt
CApath: none
SSL connection using TLS_ECDHE_RSA_WITH_AES_128_GCM_
SHA256
Server certificate:
        subject: CN=*.registry.aliyuncs.com,O="Alibaba
(China) Technology Co., Ltd.",L=HangZhou,ST=ZheJiang,C=CN
start date: Jan 28 03:01:05 2019 GMT
expire date: Jan 29 03:01:05 2020 GMT
common name: *.registry.aliyuncs.com
issuer: CN=GlobalSign Organization Validation CA - SHA256 -
G2,O=GlobalSign nv-sa,C=BE
GET /v2/ HTTP/1.1
User-Agent: curl/7.29.0
Host: registry.cn-shanghai.aliyuncs.com
Accept: */*
HTTP/1.1 401 Unauthorized
Content-Type: application/json; charset=utf-8
Docker-Distribution-Api-Version: registry/2.0
Www-Authenticate: Bearer realm="https://dockerauth.cn-
hangzhou.aliyuncs.com/auth",service="registry.aliyuncs.com:cn-
shanghai:26842"
Date: Mon, 23 Sep 2019 13:45:51 GMT
Content-Length: 87 {"errors":[{code":"UNAUTHORIZED","message":"a
uthentication required","detail":null}]}
All Connection #0 to host registry.cn-shanghai.aliyuncs.com
left intact
```

第三件事情，docker 使用用户提供的用户名和密码，访问 Www-Authenticate 头字段返回的鉴权服务器的地址 Bearer realm。

如果访问成功，则鉴权服务器会返回 jwt 格式的 Token 给 docker，然后 docker 会把用户名和密码编码并保存在用户目录的 .docker/docker.json 文件里。

```
[root@]# curl https://dockerauth.cn-hangzhou.aliyuncs.com/auth
-d grant _ type=password -d username=xxxx -d password=yyyy
{"error":"incorrect username or password"}
[root@]# curl https://dockerauth.cn-hangzhou.aliyuncs.com/auth
-d grant _ type=password -d username=xxxx -d password=zzzz
{"access _ token":"….", "token":"…"}
```

以下是登录仓库之后的 docker.json 文件。这个文件作为 docker 登录仓库的唯一证据，在后续镜像仓库操作中，会被不断地读取并使用。其中关键信息 auth 就是用户名和密码的 Base64 编码。

```
[root@]# cat config.json
{
        "auths": {
                "registry.cn-shanghai.aliyuncs.com": {
                        "auth": "…"
                }
        }
        "HttpHeaders": {
                "User-Agent": "Docker-Client/18.09.2
(linux)"
        }
}
```

8.3.3　拉取镜像是怎么回事

镜像一般会包括两部分内容：一是 manifests 文件，这个文件定义了镜像的元数据；二是镜像层，是实际的镜像分层文件。镜像拉取基本上是围绕这两部分内容展开的。因为本章的重点是权限问题，所以我们只以 manifests 文件拉取为例进行讲解。

要拉取 manifests 文件基本上会做三件事情。首先，docker 直接访问镜像 manifests 的地址，以便获取 Www-Authenticate 头字段。这个字段包括鉴权服务器的地址 Bearer realm，镜像服务地址 service，以及定义了镜像和操作的 scope。

```
[root@]# curl https://registry.cn-shanghai.aliyuncs.com/v2/
debugging/busybox/manifests/latest -v
About to connect() to registry.cn-shanghai.aliyuncs.com port
443 (#0)
    Trying 139.196.71.17...
Connected to registry.cn-shanghai.aliyuncs.com (139.196.71.17)
port 443 (#0)
Initializing NSS with certpath: sql:/etc/pki/nssdb
    CAfile: /etc/pki/tls/certs/ca-bundle.crt
CApath: none
SSL connection using TLS_ECDHE_RSA_WITH_AES_128_GCM_
SHA256
Server certificate:
    subject: CN=*.registry.aliyuncs.com,O="Alibaba (China)
Technology Co., Ltd.",L=HangZhou,ST=ZheJiang,C=CN
    start date: Jan 28 03:01:05 2019 GMT
    expire date: Jan 29 03:01:05 2020 GMT
    common name: *.registry.aliyuncs.com
    issuer: CN=GlobalSign Organization Validation CA -
SHA256 - G2,O=GlobalSign nv-sa,C=BE
GET /v2/debugging/busybox/manifests/latest HTTP/1.1
User-Agent: curl/7.29.0
Host: registry.cn-shanghai.aliyuncs.com
Accept: */*
HTTP/1.1 401 Unauthorized
Content-Type: application/json; charset=utf-8
Docker-Distribution-Api-Version: registry/2.0
Www-Authenticate: Bearer realm="https://dockerauth.cn-
```

```
hangzhou.aliyuncs.com/auth",service="registry.aliyuncs.com:cn-sh
anghai:26842",scope="repository:debugging/busybox:pull"
Date: Mon, 23 Sep 2019 15:50:23 GMT
Content-Length: 160
{"errors":[{"code":"UNAUTHORIZED","message":"authentication req
uired","detail":[{"Type":"repository","Class":"","Name":"debuggi
ng/busybox","Action":"pull"}]}]}
```

接着，docker 访问上面拿到的 Bearer realm 地址来鉴权，并在鉴权之后获取一个临时的 Token。这对应着图 8-6 中使用用户名和密码获取临时 Token 这一步，使用的用户名和密码直接读取自 docker.json 文件。

```
[root@]# curl "https://dockerauth.cn-hangzhou.aliyuncs.com/
auth?service=registry.aliyuncs.com:cn-shanghai:26842&scope=re
pository:debugging/busybox:pull" -d grant_type=password -d
username=xxxx -d password=zzzz
{"access_token":"…", "token":"…"}
```

最后，使用上面的 Token，以 Authorization 头字段的方式下载 manifests 文件。这对应的是图 8-6 中下载资源这一步。当然因为镜像还有分层文件，所以实际上 docker 还会用这个临时 Token 多次下载文件才能实现完整的镜像下载。

```
[root@] curl -H "Authorization: Bearer: "…"" https://registry.
cn-shanghai.aliyuncs.com/v2/debugging/busybox/manifests/
latest
{
"schemaVersion": 1,
"name": "debugging/busybox",
"tag": "latest",
"architecture": "amd64",
"fsLayers": [
{
                    "blobSum": "sha256:a3ed95caeb02ffe68cdd9fd
84406680ae93d633cb16422d00e8a7c22955b46d4"
        },
```

```
        {
                    "blobSum": "sha256:7c9d20b9b6cda1c58bc4f9d
6c401386786f584437abbe87e58910f8a9a15386b"
        }
],
"history": [
{
"v1Compatibility": "…"
},
{
"v1Compatibility": "…"
}
],

"signatures": [
{
"header": {
"jwk": {
"cry": "P-256",
"kid": "…",
"kty": "…",
"x": "…",
"y": "...
},
"alg": "…"
           },
"signature": "…",
"protected": "…"
          }
    ]
}
```

8.4　Kubernetes 实现的私有镜像自动拉取

8.4.1　基本功能

Kubernetes 集群一般会管理多个节点，每个节点都有自己的 docker 环境。如果让用户分别到集群节点上登录镜像仓库，显然是很不方便的。

为了解决这个问题，Kubernetes 实现了自动拉取镜像的功能。如图 8-7 所示，这个功能的核心，是把 docker.json 内容编码，并以 Secret 的方式作为 Pod 定义的一部分传给 Kubelet。

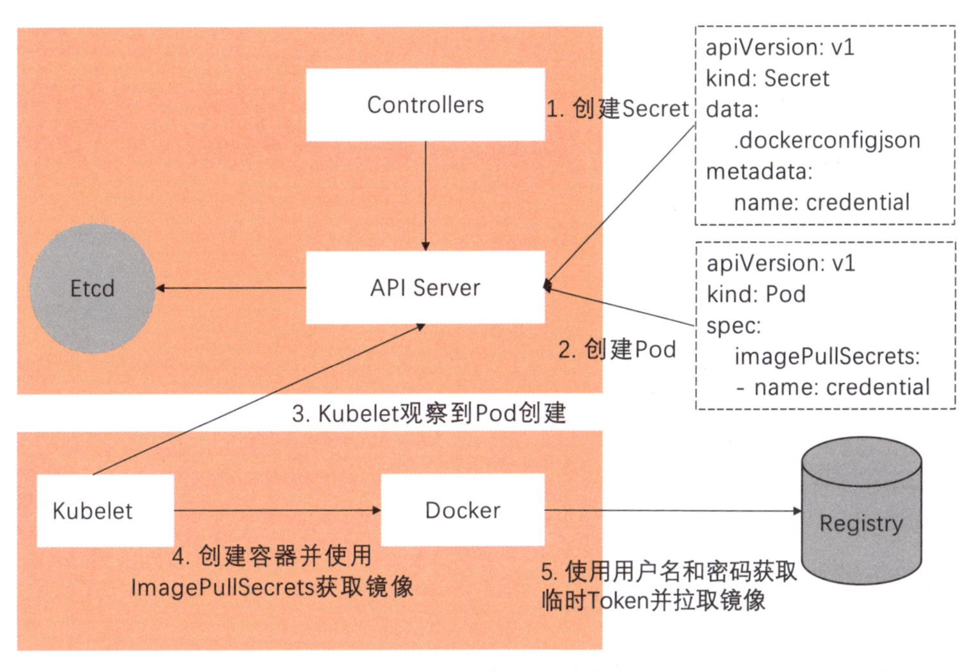

图 8-7　私有镜像拉取基本方式

具体来说，步骤如下：

第一步，创建 Secret。这个 Secret 的 .dockerconfigjson 数据项包括了一份 Base64 编码的 docker.json 文件。

第二步，创建 Pod，且使 Pod 编排中 imagePullSecrets 指向第一步创建的 Secret。

第三步，Kubelet 作为集群控制器，监控着集群的变化。当它发现新的 Pod 被创建时，就会通过 API Server 获取 Pod 的定义，这包括 imagePullSecrets 引用的 Secret。

第四步，Kubelet 调用 docker 创建容器且把 .dockerconfigjson 传给 docker。

第五步，运行时 docker 使用解码得到的用户名和密码拉取镜像，这和上一节的方法一致。

8.4.2 进阶方式

上面的功能在一定程度上解决了集群节点登录镜像仓库不方便的问题，但是我们在创建 Pod 的时候，仍然需要给 Pod 指定 imagePullSecrets。

Kubernetes 通过变更准入控制（Mutating Admission Control）进一步优化了上面的基本功能，如图 8-8 所示。

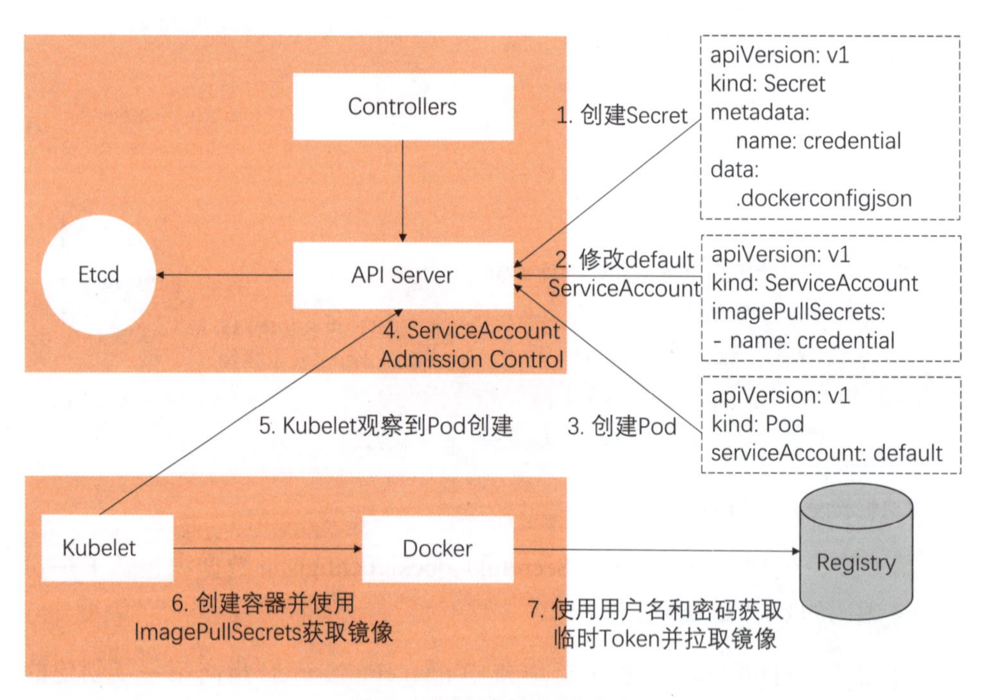

图 8-8　私有镜像拉取进阶方式

进一步优化的内容如下：

一是在第一步创建 Secret 之后，添加 default service account 对 imagePull Secrets 的引用。

二是 Pod 默认使用 default service account，而 service account 变更准入控制器会在 default service account 引用 imagePullSecrets 的情况下，在 Pod 的编排文件里添加 imagePullSecrets 配置。

8.5　阿里云实现的 ACR credential helper

阿里云容器服务团队在 Kubernetes 的基础上实现了控制器 ACR credential helper，如图 8-9 所示。这个控制器可以让同时使用阿里云 Kubernetes 集群和容器镜像服务产品的用户，在不用配置自己用户名和密码的情况下，自动使用私有仓库中的容器镜像。

具体来说，控制器会监听 acr-configuration 这个 ConfigMap 的变化，其主要关心 acr-registry 和 watch-namespace 这两个配置。

前一个配置指定为临时账户授权的镜像仓库地址，后一个配置管理可以自动拉取镜像的命名空间。当控制器发现有命名空间需要被配置却没有被配置的时候，它会通过阿里云容器镜像服务的 API 来获取临时用户名和密码。

有了临时用户名和密码，ACR credential helper 就为命名空间创建对应的 Secret 以及更改 default SA 来引用这个 Secret。这样，控制器和 Kubernetes 集群本身的功能，一起使阿里云 Kubernetes 集群拉取阿里云容器镜像服务上的镜像的全部流程自动化了。

8.6　总结

总的来说，理解私有镜像自动拉取的实现，有一个难点和一个重点。难点是 OAuth 2.0 安全协议的原理，上文主要分析了为什么 OAuth 会这么设计。重点是集群控制器原理，因为整个自动化的过程，实际上是包括 Admission control 和 ACR credential helper 在内的多个控制器协作的结果。

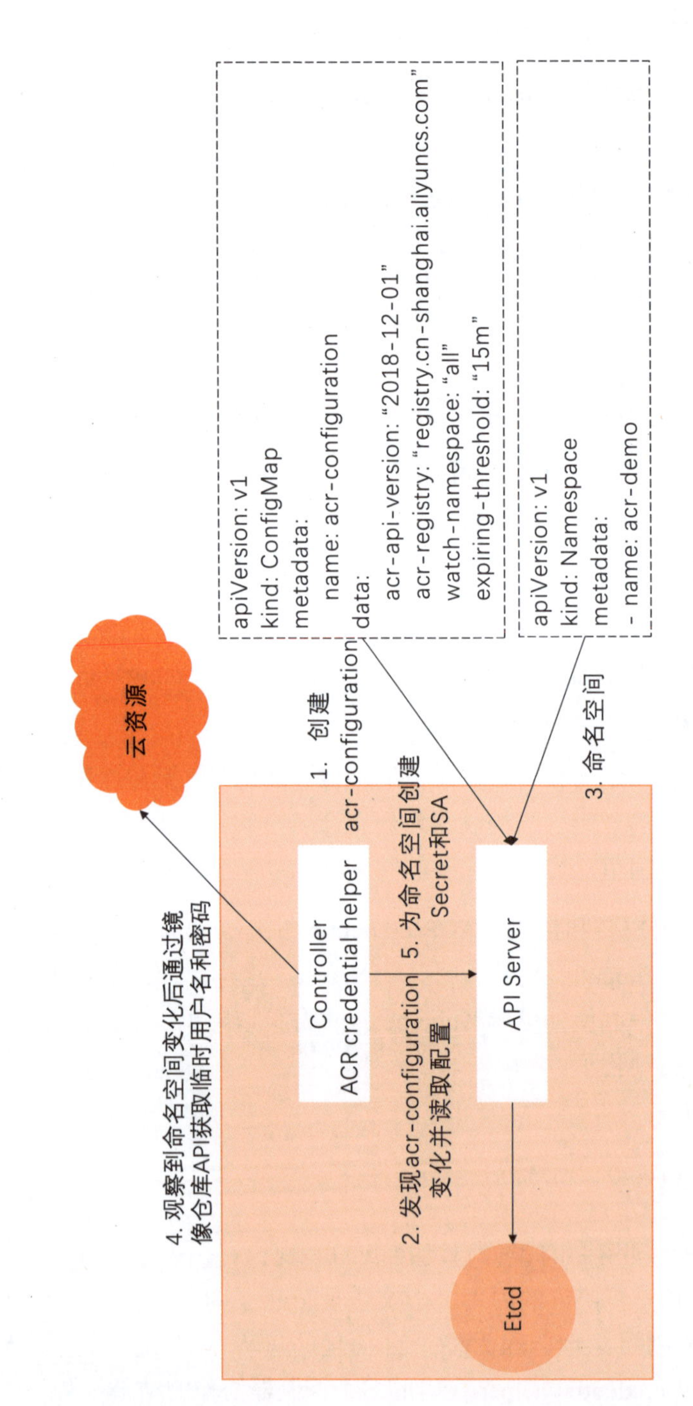

图 8-9 阿里云 ACR credential helper 组件实现

第 9 章

日志服务的集成

针对 Kubernetes 日志采集存在的采集目标多、弹性伸缩难、运维成本大、侵入性高、采集性能低等问题，阿里云日志服务和容器服务团队一起设计了阿里云 Kubernetes 日志解决方案。

用户一分钟内即可完成整个集群部署，并实现集群节点日志、容器日志、容器标准输出等所有数据源的一站式采集。而且，在后续集群动态伸缩的时候，用户也不需要对日志组件做任何二次调整。

9.1 日志服务介绍

阿里云的日志服务是针对日志类数据的一站式服务，有多年线上业务支撑经验，经历了多次“双 11”、新春红包的考验。日志采集代理 Logtail 运行在上百万台机器上，为数以万计的应用提供服务。总体来说，阿里云日志服务有如下主要特点：

- 可靠：经历了“金融级别”的考验，不丢失一条日志。
- 稳定：客户端性能强劲，资源占用率低，在上百万台机器上运行。

- 高吞吐：PB 级规模，参数配置灵活，“秒级”出结果。
- 无运维负担：零负担，零代价，零预留成本。
- 生态丰富：完美支撑 Hadoop、Spark、Flink 等开源产品与阿里云自研技术。
- 迭代快：是阿里巴巴集团共用的一套产品，可第一时间提供新功能、新技术。

从功能角度来看，日志服务主要包括日志采集、离线计算、可视分析以及实时计算等，如图 9-1 所示。

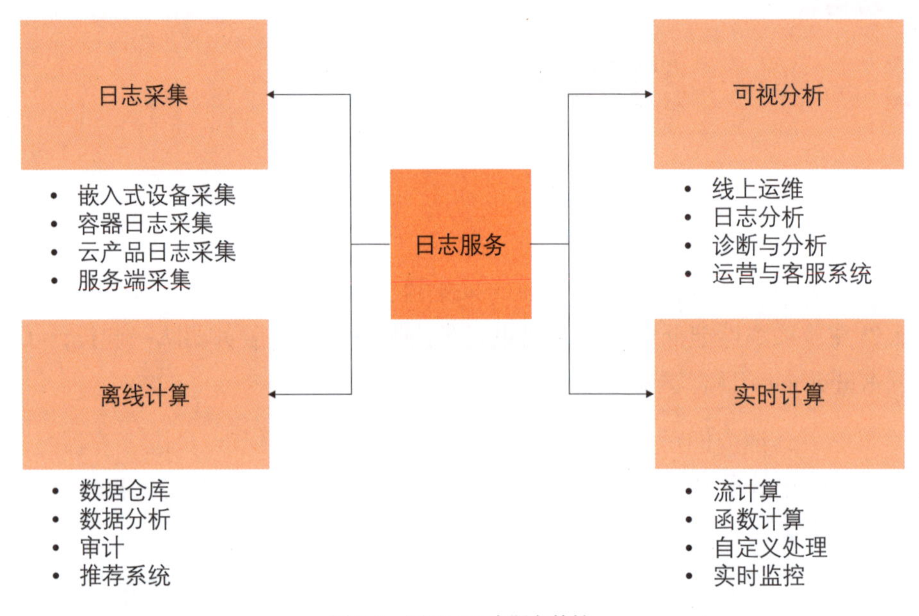

图 9-1　阿里云日志服务特性

接下来我们介绍一下如何利用日志服务进行 Kubernetes 日志采集。

9.2　采集方案介绍

9.2.1　方案简介

阿里云 Kubernetes 日志采集方案如图 9-2 所示。Kubernetes 的每个节点都会运行一个 Logtail 容器，该容器可采集宿主机以及该宿主机上容器的日志，

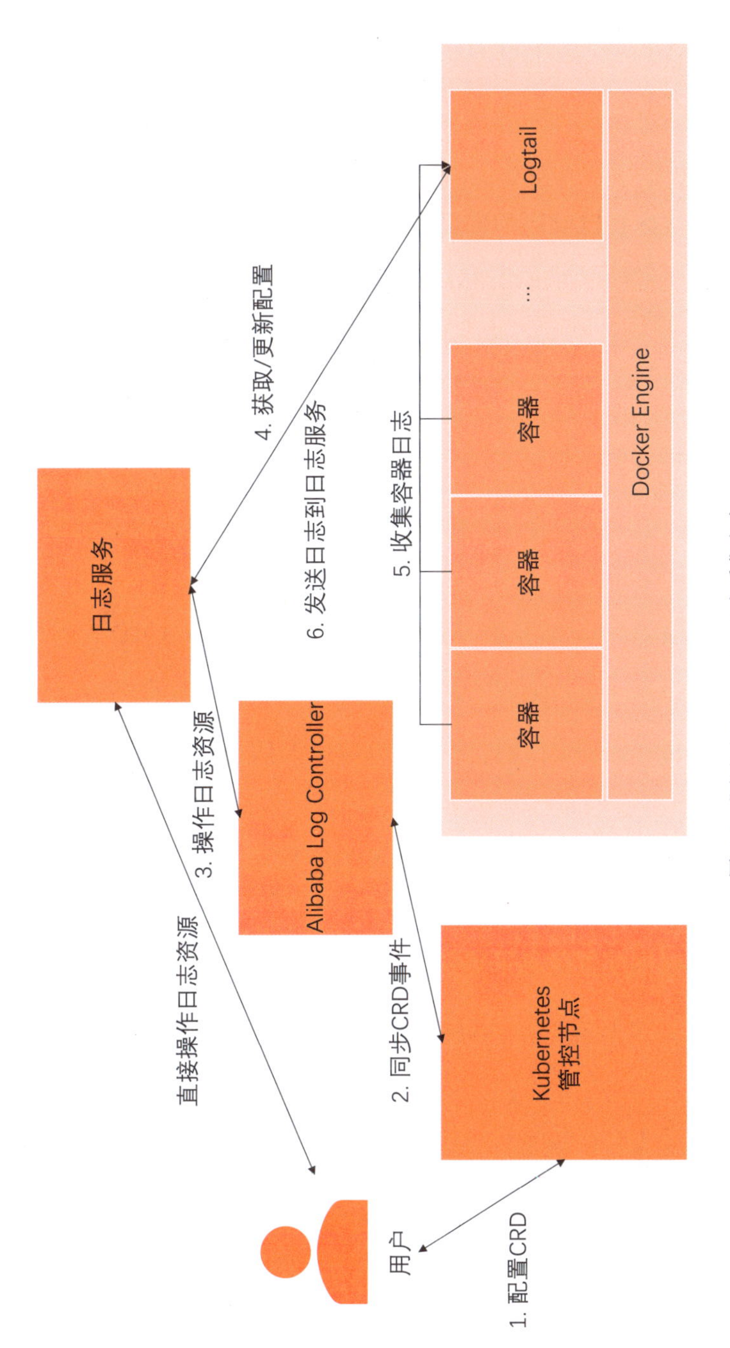

图 9-2　阿里云 Kubernetes 日志采集方案

包括标准输出和日志文件。

Logtail 以集群 Daemonset 的方式编排，这保证了每个节点都有一个 Logtail 容器在运行。

同时，此方案使用了自定义标识机器组，支持集群动态缩容和扩容。另外，采集配置支持通过标签以及环境变量过滤指定容器。

Kubernetes 内部会注册自定义资源 CRD AliyunLogConfig，并部署 Alibaba Log Controller 控制器。所以，此方案支持用户通过 CRD 方式或日志服务控制台两种方式对采集配置进行管理。

9.2.2 运行流程

以 CRD 的配置方式为例，我们可以把日志方案的工作流程简单总结为六个步骤，如图 9-2 所示。

（1）用户使用 kubectl 或其他工具应用 aliyunlogconfigs CRD 配置。

（2）alibaba-log-controller 监听到配置更新。

（3）alibaba-log-controller 根据 CRD 内容以及服务端状态，自动向日志服务提交创建 Logstore、创建配置以及创建应用机器组的请求。

（4）以 DaemonSet 模式运行的 Logtail 会定期请求配置服务器，获取新的或已更新的配置并进行热加载。

（5）Logtail 根据配置信息采集各个容器（Pod）上的标准输出或日志文件。

（6）最终 Logtail 将处理、聚合好的数据发送给日志服务。

9.2.3 配置方式

日志采集配置默认支持控制台配置方式，同时针对 Kubernetes 微服务开发模式，我们还提供 CRD 的配置方式，用户可以直接使用命令行对配置进行管理或将其集成到其他编排服务中。两种配置方式的特点如表 9-1 所示。

表9-1

	CRD方式	控制台方式
操作复杂度	低	一般
功能项	支持高级配置	一般
上手难度	一般	低
网络连接	连接Kubernetes集群	连接互联网
与组件/应用部署集成	支持	不支持
鉴权方式	Kubernetes鉴权	云账号鉴权

如果刚开始使用日志服务，建议使用控制台的配置方式，此种方式所见即所得，非常易于上手。

若后续需要将日志采集与服务或组件发布集成，建议使用 CRD 的配置方式，可以直接将采集配置和服务配置放到同一个 Yaml 文件中部署和管理。

9.3　核心技术介绍

上一节我们对阿里云 Kubernetes 集群日志采集方案做了总体介绍，本节将深入解释日志采集配置与 Kubernetes 无缝集成的技术实现。

9.3.1　背景

不同于其他开源日志采集 Agent，日志服务 Logtail 从设计之初就已经考虑到配置管理的难题。因此 Logtail 从第一个版本开始就支持中心化的配置管理，支持在日志服务控制台或者 SDK 中对所有采集配置进行统一管理，大大降低了日志采集的管理负担。

但在 Kubernetes 集群环境下，业务应用、服务、组件的持续集成和自动发布已经成为常态，使用控制台或 SDK 操作采集配置的方式很难与各类 CI、编排框架集成，导致业务应用发布后用户只能通过控制台以手动配置的方式部署与之对应的日志采集配置。

因此日志服务专门为 Kubernetes 进行了扩展，用以支持原始的配置管理。

9.3.2 实现方式

如图 9-3 所示，日志服务为 Kubernetes 新增了一个 CRD 扩展，名为 AliyunLogConfig。同时开发了 alibaba-log-controller 用于监听 AliyunLogConfig 事件。

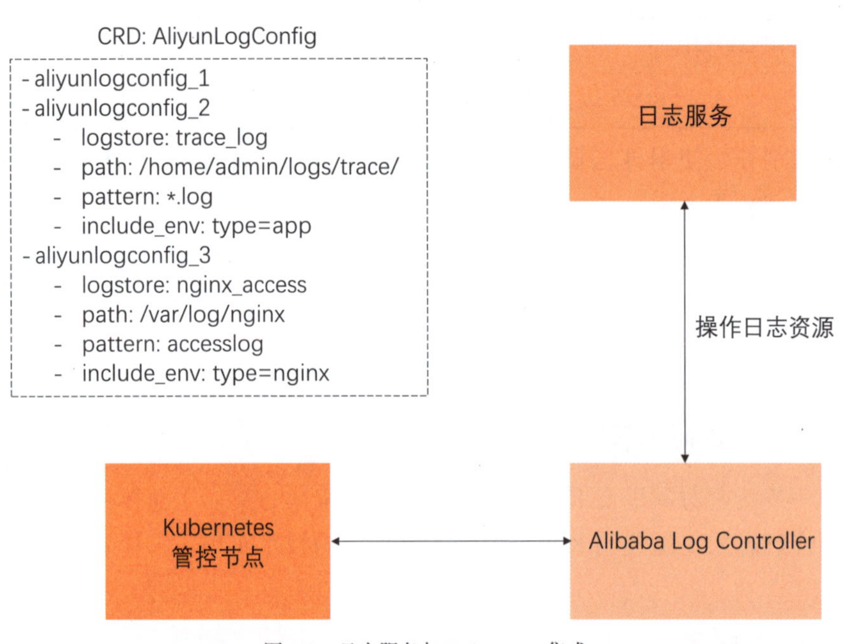

图 9-3 日志服务与 Kubernetes 集成

当用户创建、删除、修改 AliyunLogConfig 资源时，alibaba-log-controller 会监听到资源变化，并在日志服务上创建、删除、修改相应的采集配置，以此实现 Kubernetes 内部 AliyunLogConfig 与日志服务中采集配置的关联关系。

9.3.3 alibaba-log-controller 内部实现

alibaba-log-controller 主要由 6 个模块组成，各个模块的功能以及依赖关系如图 9-4 所示。

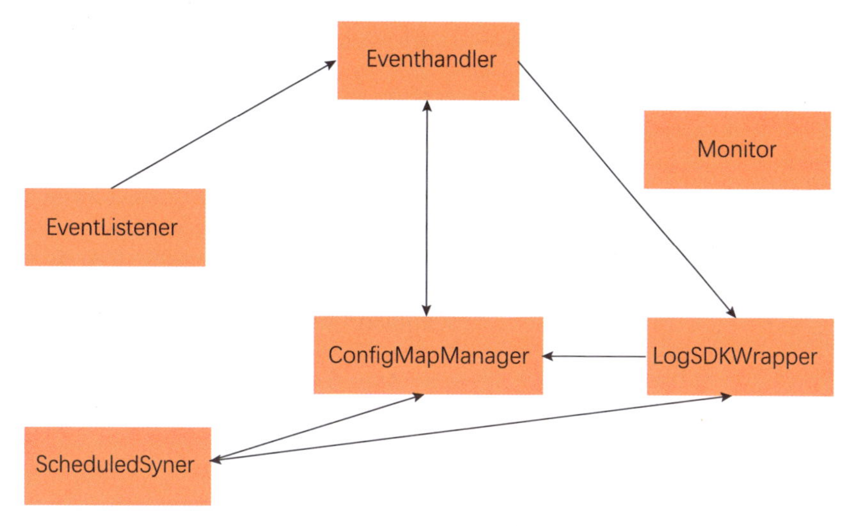

图 9-4　阿里云 Kubernetes 集群日志服务控制器实现

EventListener：负责监听 AliyunLogConfig 的 CRD 资源。这个 EventListener 是广义上的 Listener，主要功能有：

- 初始化时会罗列所有的 AliyunLogConfig 资源。
- 注册 AliyunLogConfig 监听变化的事件。
- 定期再扫描全部 AliyunLogConfig 资源，防止事件出现遗漏或处理失效。
- 将事件打包，交由 EventHandler 处理。

EventHandler：负责处理对应的创建、删除、修改事件，作为 Controller 的核心模块，主要功能如下：

- 首先检查 ConfigMapManager 中对应的 Checkpoint，如该事件已经被处理（版本号相同且状态为 200），则直接跳过。
- 为防止历史事件干扰处理结果，从服务端拉取最新的资源状态，检查是否为同一版本，若版本不一致，则使用服务端版本替换。
- 对事件进行一定的预处理，使之符合 LogSDK 的基本格式需求。
- 调用 LogSDKWrapper，创建日志服务 Logstore，创建、删除、修改对应的配置。

- 根据上述处理结果，更新对应的 AliyunLogConfig 资源的状态。

ConfigMapManager：依赖于 Kubernetes 的 ConfigMap 机制实现 Controller 的 Checkpoint 管理，包括：

- 维护 Checkpoint 到 ConfigMap 的映射关系。
- 提供基础的 Checkpoint 增删改查接口。

LogSDKWrapper：基于阿里云 LOG golang sdk 的二次封装，功能包括：

- 初始化创建日志服务资源，包括 Project、MachineGroup、Operation Logstore 等。
- 将 CRD 资源转换为对应的日志服务资源操作，CRD 与日志服务资源为一对多关系。
- 包装 SDK 接口，自动处理网络异常、服务器异常、权限异常。
- 负责权限管理，包括自动获取 role，更新 STS Token 等。

ScheduledSyner：后台的定期同步模块，防止进程或节点失效期间配置改动而遗漏事件，保证配置管理的最终一致性：

- 定期刷新所有的 Checkpoint 和 AliyunLogConfig。
- 检查 Checkpoint 和 AliyunLogConfig 资源的映射关系，如果 Checkpoint 中出现不存在的配置，则删除对应的资源。
- Monitor：alibaba-log-controller 除了将本地运行日志输出到 stdout 外，还会将日志直接采集到日志服务中，便于远程排查问题。采集日志种类如下：
- Kubernetes API 内部异常日志。
- alibaba-log-controller 运行日志。
- alibaba-log-controller 内部异常数据（自动聚合）。

9.4　总结

总体来说，阿里云 Kubernetes 日志解决方案做到了以下三点。

首先是打造出了极致的部署体验，用户只需一条命令、一个参数即可完成整个 Kubernetes 集群的日志解决方案部署。

其次是支持更多配置方式，除原生控制台、SDK 配置方式外，还支持通过 CRD 方式进行配置。

最后是与 Kubernetes 无缝集成，采集配置支持 Yaml 方式部署，兼容 Kubernetes 各种集成方式。

第 10 章

集群与存储系统

在云环境中，存储资源和计算资源的管理方式往往不同。为了能够屏蔽底层不同存储厂商存储实现的细节，Kubernetes 引入了 Persistent Volume Claim（PVC）、Persistent Volume（PV）、Storage Class（SC）等 API 原语（Primitive），以及抽象出来一套标准的可以与 Kubernetes 交互的接口（FlexVolume、SI），将具体的存储实现与 Kubernetes 自身解耦。

本章内容就是深入分析 Kubernetes 集群存储系统的核心设计思想与基本原理。

10.1 从应用的状态谈起

在 Kubernetes 集群中的应用大致可分为无状态应用和有状态应用这两种类型。这两种应用对存储的需求不同。

10.1.1 无状态的应用

Kubernetes 使用 ReplicaSet 来保证应用 Pod 实例的在线数量。如果应用的某个实例由于某种原因崩溃了（如 Pod 所在的宿主机出故障了），ReplicaSet 会立刻用相同模板创建并启动一个新实例来替代它。

由于是无状态的应用，新实例与旧实例一模一样，所以新实例能做到对旧实例的无损替代。此外，Kubernetes 通过负载均衡 Service 的方式，对外提供一个稳定的访问接口，实现应用的高可用。

10.1.2　有状态的应用

对于有状态的应用，Kubernetes 引入了 StatefulSet。StatefulSet 配合 PVC 和 PV，可以将应用的状态存储到远端。这样的应用 Pod 在遇到宿主机等的故障迁移后，通过复用之前的远端存储，可实现应用带状态的迁移。

而 Stateful Set 是通过保持其管理的每个 Pod 的名字的有序性和不变性的方式，建立了 Pod 名字与该 Pod 使用的存储（通过 PVC 来描述）的一一对应关系，从而保证了同名的 Pod 发布或迁移过程中始终可以使用"同一份"远程存储。

10.2　基本单元：Pod Volume

Kubernetes 中的最小调度单位是 Pod，可以认为一个 Pod 是一个具体的微服务实例，它一般会包含多个容器。这些容器共享根容器 Pause 的网络命名空间，并可共享在 Pod 中声明的所有 Volume。

Pod Volume 是对 Docker Volume 的一种更高层次的抽象，属于 Pod 对象的一部分，面向的是应用实例 Pod，而不是容器粒度。这里我们对 Kubernetes 中 Pod Volume 可以使用的 Volume 类型做一下简单的分类。

（1）本地存储：Emptydir、Hostpath 等，是主要使用 Pod 运行的节点上的本地存储。

（2）网络（分布式）存储。

- In-tree（内置）：awsElasticBlockStore、gcePersistentDisk/nfs 等。存储插件的实现代码是放在 Kubernetes 代码仓库中的。

- Out-of-tree（外置）：FlexVolume、CSI 等网络存储 Inline Volume Plugin，存储插件单独实现，特别是，CSI 是 Volume 扩展机制的核心发展方向。

（3）Projected Volume：Secret、ConfigMap、DownwardAPI、ServiceAccountToken，将 Kubernetes 集群中的一些配置信息以 Volume 的方式挂载到 Pod 的容器中，即应用可以通过 POSIX 接口来访问这些对象中的数据。

（4）PVC 与 PV 体系：Kubernetes 中将存储资源与计算资源分开管理的核心设计。

10.3 核心设计：PVC 与 PV 体系

在 Kubernetes 中通过引入 PVC 和 PV 资源对象的设计，来解耦 Pod 和 Pod 使用的存储的生命周期管理，而 PVC 和 PV 资源对象由一组单独的 Kubernetes Controller 来管理。这样的设计可以给以下常见的场景带来良好的扩展性：

- 宿主机故障数据迁移（如 StatefulSet 管理的 Pod 带远程 Volume 迁移）。
- 多 Pod 共享同一个数据 Volume（如共享 NFS 文件系统）。
- Volume Snapshot 和在线扩容 Size 等功能的扩展。

而 PVC 和 PV 之间有什么区别？为什么 Kubernetes 要引入两个看起来相近的资源对象？

简单来说是为了简化用户使用存储的过程，区分存储使用方与存储服务提供方的职责。用户只需通过 PVC 声明自己需要的存储 Size、AccessMode（单 Node 独占还是多 Node 共享？只读还是读写访问？）等业务真正关心的需求，而不用关心存储系统的实现细节，PV 和其对应的后端复杂信息完全可以交由 Kubernetes Cluster 或 Administrator 统一维护和管控。

接下来我们来一起看看在 Kubernetes 中通过 PVC 和 PV 使用存储的两种方式。

（1）预先声明 PV 的静态方式：所需存储类型、大小等预先定义和分配好，一般来说相应的存储是预先分配好的，这种使用方式不够灵活，如图 10-1 所示。

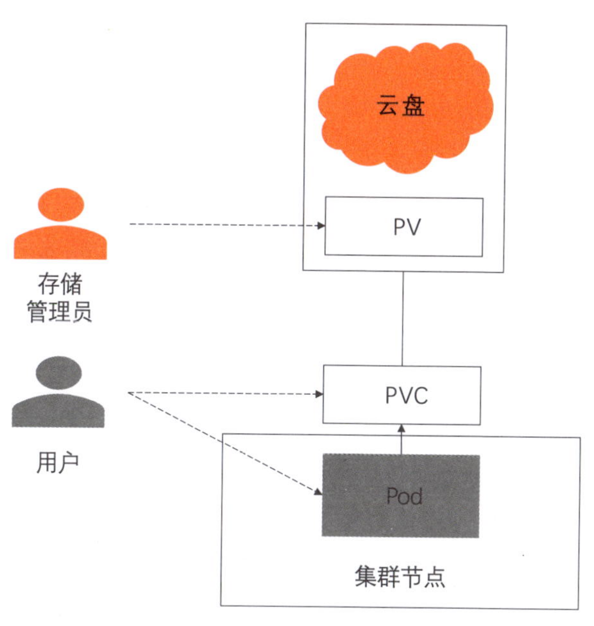

图 10-1　以静态方式使用存储

（2）通过 SC 按需动态分配方式：SC 用于声明动态申请的存储 Volume 将由哪种 Volume Plugin 创建、创建时的参数，还可以从其他功能性和非功能性角度进行描述。这种方式可按需动态分配，使用起来比较灵活，在 Kubernetes 中比较常用，如图 10-2 所示。

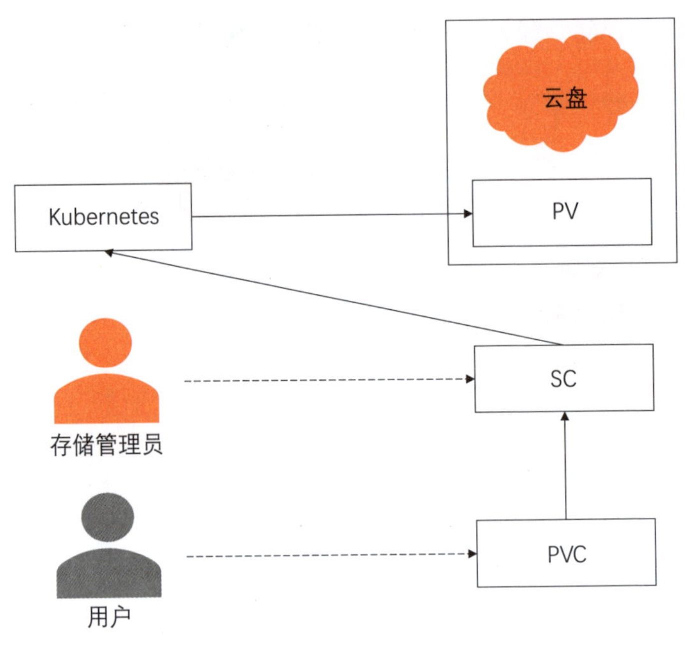

图 10-2　以动态方式使用存储

10.4　与特定存储系统解耦

10.4.1　Volume Plugin

前面我们从应用的角度分析了，Kubernetes 为了给在其上运行的容器化服务提供存储能力所引入的抽象出来的资源对象。接下来我们看一下 Kubernetes 与存储系统的交互机制，以及其与特定存储系统的一步步的解耦过程。

简单来说，我们对存储系统的核心需求有两个：申请存储空间并将其最终挂载到应用容器中。对用户来说，只需要创建资源对象（PVC）。而真正替我们实现这两个核心需求的，是集群中的存储相关控制器。存储相关控制器会"观察"到资源字段的变化，并触发相应的动作来完成存储申请和挂载等操作。

下面我们结合图 10-3 来介绍一个包含 PVC 的 Pod 的创建过程，以及各组件的交互细节。

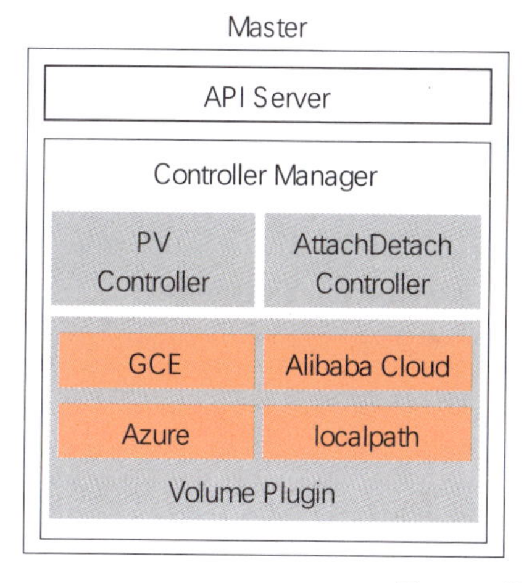

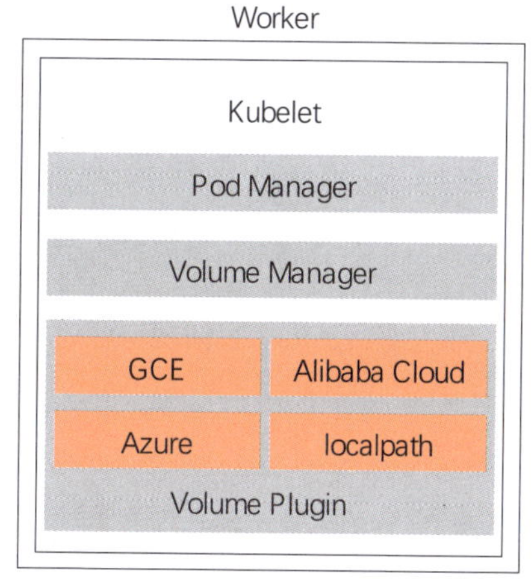

图 10-3　集群存储插件

（1）用户通过 API Server 创建包含 PVC 的 Pod 对象。

（2）调度器把这个 Pod 分配给某个节点。

（3）Kubelet 开始等待 Volume Manager 准备好存储设备。

（4）PV Controller 调用相应 Volume Plugin 申请存储并创建 PV 与 PVC 绑定。

（5）Attach-Detach Controller 或者 Kubelet 的 Volume Manager 通过 Volume Plugin 将存储设备挂载到节点上。

（6）Volume Manager 等待存储设备挂载完成后，将 Volume 挂载到 Pod 可访问的目录下。

（7）Kubelet 启动 Pod 并将存储挂载到相应的容器中。

总的来说就是通过 PV Controller 监控 PV、PVC、SC 等资源对象，然后调用相应的存储插件去申请存储空间，并通过 Attach-Detach Controlle 或 Kubelet Volume Manager 将相应存储空间挂载到指定节点上，然后 Pod 在启动的过程中将其挂载到容器可访问的目录上。

10.4.2 in-tree（内置）Volume Plugin

早期与特定存储交互的逻辑是直接写到 Kubernetes 的代码中的（如图 10-3 中的 GCE、Azure 存储插件），这种被称为 in-tree 的方式，随着支持 Kubernetes 的云厂商的不断增加，会对 Kubernetes 本身的维护和发展造成难以控制的影响。因此从 Kubernetes 1.8 开始，Kubernetes Storage SIG 停止接受 in-tree Volume Plugin，并建议所有存储提供商使用 out-of-tree Volume Plugin。目前有两种推荐的实现方式：FlexVolume 和容器存储接口 CSI。

10.4.3 out-of-tree（外置）Volume Plugin

FlexVolume 把 Kubelet 对它的调用转化为对可执行程序命令行的调用，其基本思路就是把自己实现的卷插件程序放到指定的路径，供 Kubelet 创建 Pod 过程中的特定阶段调用，这样通过二进制命令行形式扩展存储插件能够提供的功能非常有限，部署也很不方便。

而 CSI 通过规定一组标准的网络 Client 调用接口（gRPC 接口），让存储提供商去提供网络服务端的调用实现，这样存储系统就完全是外置的服务进程，甚至可以“跑”在容器中，其架构如图 10-4 所示。

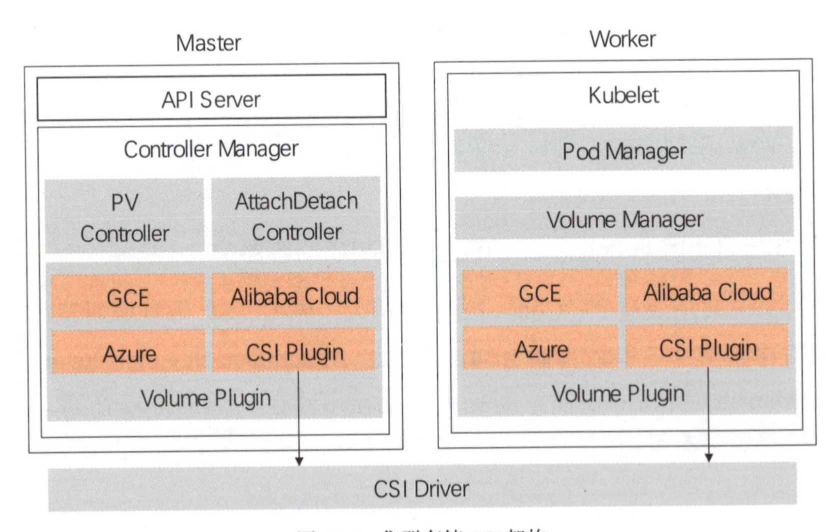

图 10-4 集群存储 CSI 架构

10.5　Kubernetes CSI 管控组件容器化部署

通过 CSI 接口，Kubernetes 和 Storage Provider 变得泾渭分明，存储系统的功能开发从 Kubernetes 中彻底剥离了出来，并且可以将存储插件以容器化的方式部署，可借助 Kubernetes 的能力大大提升存储插件的易用性和稳定性。

图 10-5 中的部署方式是官方推荐的方式，与特定存储相关的组件（Third Storage Vendor Container）完全可以由普通的容器化应用通过 Kubernetes 来部署，Kubernetes 与存储系统的交互也通过社区实现的通用组件（external-provisioner、csi-attacher、node-driver-registrar 等）实现了标准化，存储提供方只用实现图中绿色的部分就可以将一个具体的存储系统对接到 Kubernetes 中供容器化的应用使用。

10.6　基于 Kubernetes 的存储

本节我们通过一个“跑”在 Kubernetes 上的社区项目 Rook 来介绍一下存储系统如何借助 Kubernetes 来简化存储系统本身的运维。Rook 是专用于云原生环境的文件、块、对象存储服务，它依赖 Kubernetes 实现了一个可以自我管理、自我扩容和自我修复的分布式存储服务。支持自动部署、启动、配置、分配、扩容、缩容、升级、迁移、灾难恢复、监控，以及资源管理等功能，并通过 FlexVolume 卷插件扩展 Kubernetes 的存储系统。Pod 可以挂载 Rook 管理的块设备或者文件系统。

Rook 与 Kubernetes 的交互关系如图 10-6 所示。

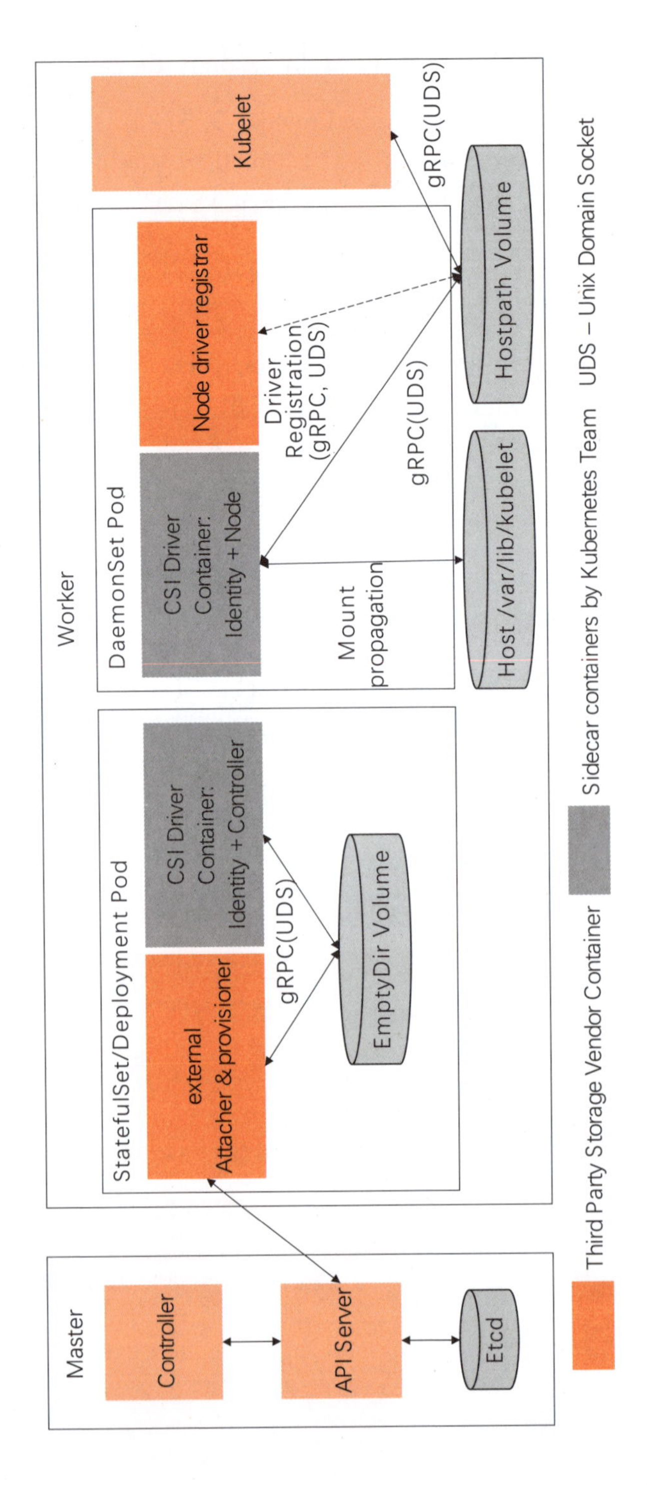

图 10-5 管控组件容器化部署

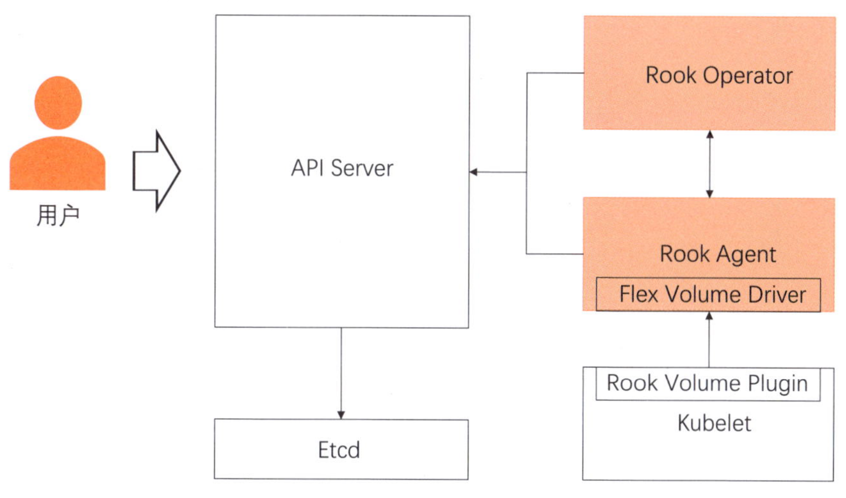

图 10-6　Rook 与 Kubernetes 的交互关系

像 Rook 这种以服务的方式寄生在容器编排系统上，并为编排系统上运行的容器化应用提供基础存储服务的做法，可大幅降低存储系统自身的运维成本，对以后存储系统的演进也是很好的参考对象。

10.7　总结

Kubernetes 通过 PVC 和 PV 体系来简化容器化的应用使用存储的方式，同时通过 CSI 来解耦存储系统和 Kubernetes 的交互流程并使其标准化。随着 Kubernetes 的进一步普及，存储系统借助 Kubernetes 来简化自身部署、运维，保证自身稳定性，这些也是未来的趋势。

第 11 章 流量路由 Ingress

Ingress 是 Kubernetes 集群对外暴露服务的核心方式之一，另外一个方式是云产品负载均衡。

本章会对 Ingress 进行详细的说明，内容包括基本原理，场景化需求，获取客户端真实 IP 地址以及白名单机制。

11.1 基本原理

11.1.1 解决的问题

Kubernetes 集群有四种类型的服务，分别是 ClusterIP、NodePort、LoadBalancer 以及 ExternalName。

ClusterIP 类型的服务只能在集群内访问，而 NodePort 和 LoadBalancer 两种类型的服务都可以从集群外部访问。这三种服务有一个共同特点，就是理论上只能通过四层协议来访问。LoadBalancer 类型的服务虽然也可以配置对应负载均衡的 HTTP/HTTPS 属性，但也只提供了简单的代理，无法应对复杂的七层的策略路由场景。

Ingress 的存在，正是为了解决以上问题。Ingress 的职责是将不同 URL 的请求转发给不同的服务，以实现复杂路由策略。典型的 Ingress 组件，是基于 Nginx 七层代理实现的 Nginx Ingress Controller。如图 11-1 所示，这是一个典型的七层路由的例子。

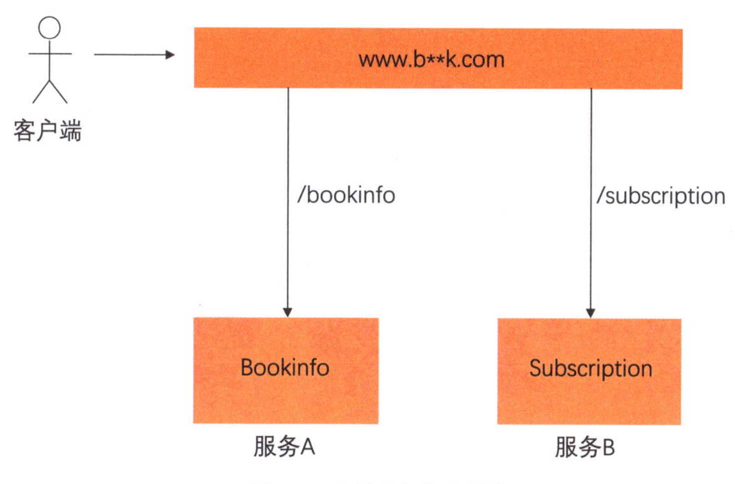

图 11-1　七层路由典型示例

访问 www.b**k.com/bookinfo 相关的信息需要路由到 Bookinfo 这个服务进行处理，而访问 www.b**k.com/subscription 相关的信息需要路由到 Subscription 这个服务进行处理。

11.1.2　基础用法

我们需要定义 Ingress 模板去实现上一节中的功能。前面的内容中分别定义了 Ingress 的 API 版本、对象类型以及元数据，而具体的路由规则在 Spec 中指定。

```
apiVersion: networking.k8s.io/v1beta1
kind: Ingress
metadata:
  name: ingress-example
  annotations:
spec:
```

```
rules:
- host: b**k.com
  http:
    paths:
    - path: /bookinfo
      backend:
        serviceName: service-a
        servicePort: 80
    - path: /subscription
      backend:
        serviceName: service-b
        servicePort: 80
```

11.1.3 配置安全路由

上一节中的定义，实现了一个 HTTP 协议的站点路由。然而 HTTP 协议是明文在网络上传输的，容易被窃取信息。大多数情况下，我们需要部署一个安全的站点，采用 HTTPS 协议访问。本节将讲述如何部署安全路由。

如果是测试环境，通常只需要自签名证书即可，具体操作有以下几个步骤。

（1）使用 openssl 工具生成私钥和证书文件。

```
openssl req -x509 -nodes -days 365 -newkey rsa:2048 -keyout
tls.key -out tls.crt -subj "/CN=b**k.com/O=b**k.com"
```

（2）创建 Secret，并将私钥和证书存放到其中。

```
kubectl create secret tls book --key tls.key --cert tls.crt
```

（3）修改 Ingress 模板文件，添加 spec.tls 配置。

```
apiVersion: networking.k8s.io/v1beta1
kind: Ingress
metadata:
  name: ingress-example
  annotations:
spec:
```

```
  tls:
- hosts:
    - b**k.com
secretName: b**k
  rules:
  - host: b**k.com
    http:
      paths:
      - path: /bookinfo
        backend:
          serviceName: service-a
          servicePort: 80
      - path: /subscription
        backend:
          serviceName: service-b
          servicePort: 80
```

创建或者更新 Ingress-example 后，证书就会被 Ingress 控制器配置到对应的七层代理中。

如果是在正式环境中，通常需要去 CA 申请证书，并拿到私钥文件（tls.key）和证书链文件（tls.pem），这时可以跳过上面的第 1 步，只执行第 2 步和第 3 步即可。

关于安全路由的配置，需要注意以下几点：

- tls.key 和 tls.crt 字段名称不能修改。
- Secret 必须和 Ingress 在同一个命名空间，否则证书配置会失败。
- tls.key、tls.crt 存放的其实是 key 和 crt 的 Base64 编码文件，在 Linux 环境中可以用 Base64 命令解码对比证书信息。

11.1.4　全局配置和局部配置

有些场景下，我们需要对 Ingress 做更复杂的配置，例如让访问日志打印出响应时长以统计 Web 性能，或将 URL 重定向到根路径。

对于常规的 Nginx 来说，我们只需要修改 nginx.conf 文件即可。然而对 Kubernetes 来说，因为 Nginx Ingress Controller 封装了 Nginx，所以我们不能直接修改 Nginx 的配置。

正确的做法是，通过在 Ingress 的编排文件中添加 Annotation 的方式配置局部参数，或者通过修改 nginx-configuration 这个 ConfigMap 的方式来配置全局参数。

11.1.5 实现原理

在 Ingress 的使用过程中，常常会遇到一些问题，比如客户端访问偶尔报“502”或“504”错误、域名证书配置不生效、获取不到客户端真实 IP 地址等。

了解 Ingress 路由的实现原理，对于解决 Ingress 各种问题十分有帮助。本节将讲解 Ingress 是如何实现复杂的七层路由策略的。

以阿里云的 Ingress 组件为例，Ingress 可以分为三个部分，分别是入口 SLB（由 nginx-ingress-lb 这个 Service 创建）、控制器以及 Nginx 代理，如图 11-2 所示。

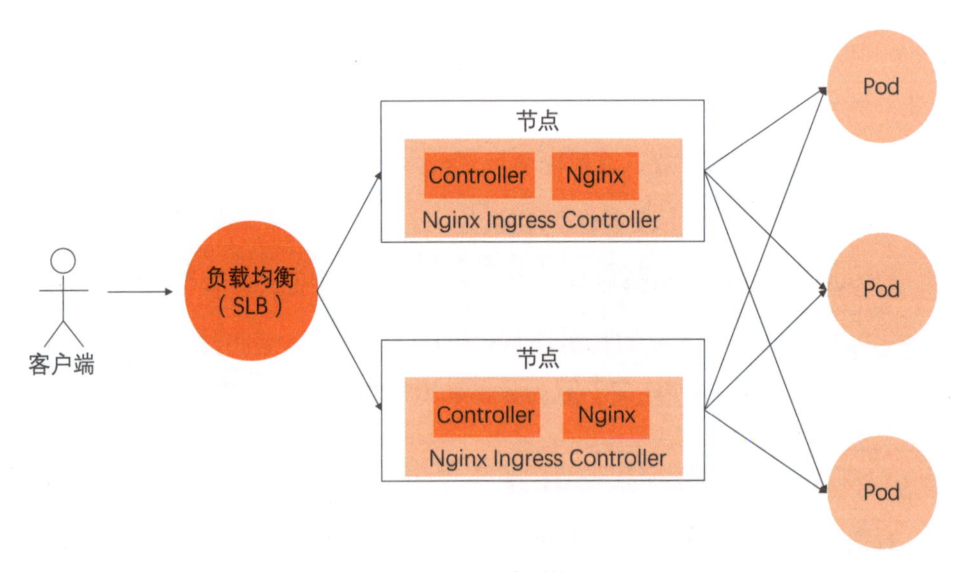

图 11-2　基于 Nginx 实现的 Ingress

Ingress 的实现包含了两部分内容，一个是 Controller，即 Ingress 控制器，另一个是 Nginx 代理。当创建一个 Ingress 对象的时候，控制器会作为 Ingress 对象和 Nginx 之间的翻译官，把 Ingress 中定义的路由配置转换成 Nginx 的配置。

如果 Ingress 定义有错误，翻译工作会失败，导致最新的规则没有办法下发到 Nginx 里。控制器日志和 Nginx 的 Access/Error 日志，都会汇总到 Nginx Ingress Controller 这个 Pod 的标准输出，可以从 Pod 的标准输出查看控制器的日志或者 Nginx 的访问日志。

一般情况下，如果需要查看生效的 Nginx 配置，我们可以登录到 Nginx Ingress Controller 容器里，查看配置文件 /etc/nginx/nginx.conf。

值得一提的是，为了减少对 Nginx 配置高频率加载这样的操作，Nginx Ingress Controller 引入了 Lua 模块。Lua 模块可以协助 Nginx 低“成本”地更新 Upstream，以避免此类操作对业务的影响。

在 Ingress 控制器里获取 Lua 配置的方法如下。

（1）进入 Pod。

```
kubectl -n kube-system exec -ti nginx-ingress-controller-
7d7c69b5b8-d7qxw /bin/bash
```

（2）查看配置。

```
curl  http://127.0.0.1:10246/configuration/backends
```

11.2 场景化需求

11.2.1 多入口访问 Ingress

Nginx Ingress Controller 和其入口 SLB 是解耦的，若要增删改查 Ingress，控制器就会去配置 Nginx，但不会影响入口 SLB。所以我们可以通过创建多个入口 SLB 的方式（即 LoadBalancer 类型的 Service），把 Ingress 暴露到集群之外。

特别是，为了节约 SLB 的费用，可以将 Ingress 入口 SLB 改成内网类型，然后手动在 SLB 上绑定一个弹性公网 IP 地址，这样内网和外网都可以访问

Ingress，同时只需要一个 SLB。

11.2.2 部署多套 Ingress Controller

有时候，我们需要部署多套 Ingress Controller，一套给 VPC 内网使用，另一套给公网使用，如图 11-3 所示。

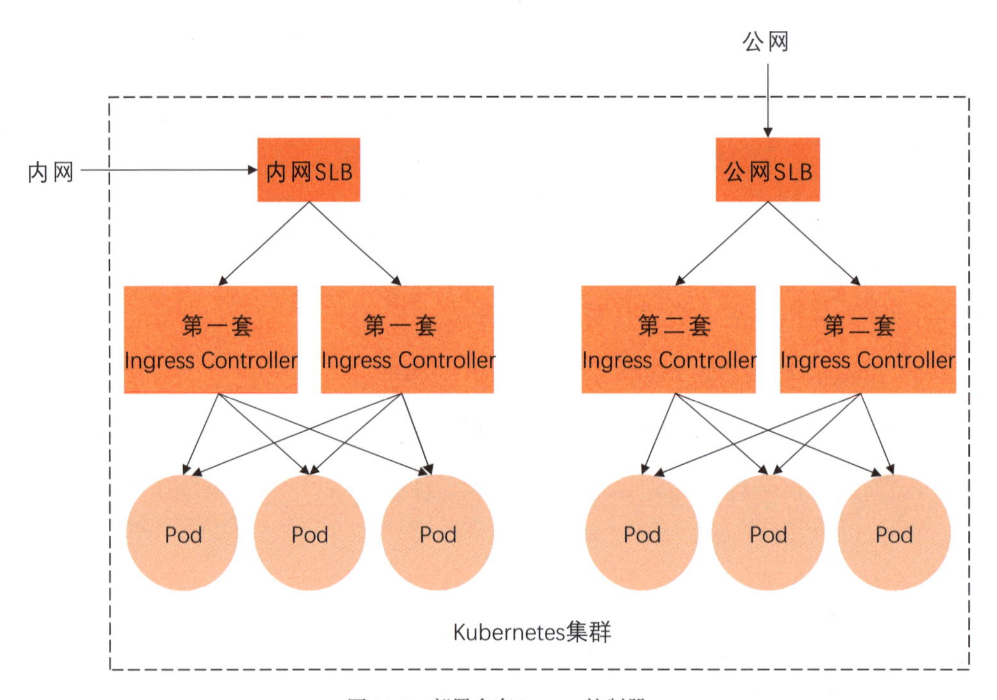

图 11-3 部署多套 Ingress 控制器

若集群有多套 Ingress 控制器，在创建 Ingress 的时候，怎么区分由哪一个控制器来配置 Ingress 呢？那就要通过 IngressClass 来区分。

部署 Ingress Controller 的时候，会传入一个 --ingress-class 来标记控制器，然后在创建 Ingress 的时候，通过在 Annotation 中加入 kubernetes.io/ingress.class 参数，Ingress 控制器将 kubernetes.io/ingress.class 参数的值和设定的 --ingress-class 的值相比较，如匹配得上，则由自己来负责配置 Ingress，如匹配不上，则忽略这个 Ingress，同时，日志中会打印出类似“ignoring add for ingress test-second-nginx based on annotation kubernetes.io/ingress.class with value”这样的记录。

当然，集群会有默认的控制器，如果 Ingress 并未添加 kubernetes.io/ingress.class 这个注解，则由默认的控制器来解析 Ingress。此外，新的控制器也会有自己的一套"nginx-configuration"，用于对 Ingress-nginx 的全局配置。

11.3　获取客户端真实 IP 地址

11.3.1　理解客户端真实 IP 地址的传递过程

这里以阿里的 Kubernetes 为例，最简单的访问链路是：Client → SLB → Ingress-nginx → Pod。我们分两种情况说明下。

第一种情况，SLB 配置为四层（默认），如图 11-4 所示。

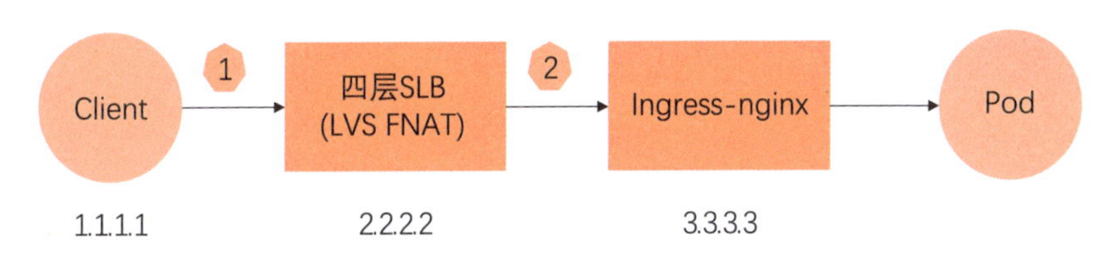

图 11-4　四层网络获取客户端 IP 地址

（1）第 1 步，通过客户端访问 SLB，源 IP 地址为 1.1.1.1，假设源端口为随机端口 42000，目的 IP 地址为 SLB 的 IP 地址 2.2.2.2，目的端口为 80。

（2）第 2 步，Ingress-nginx 收到来自 SLB 的报文，源 IP 地址为 1.1.1.1，源端口为 42000，目的 IP 地址为 3.3.3.3，目的端口为 80。即 Ingress-nginx "看到"的是 Client 在访问自己，而非 SLB，因此 Ingress-nginx 能获取到客户端的真实 IP 地址，无须做任何配置改动。接着 Ingress-nginx 会将客户端真实 IP 地址放在 X-Real-IP 和 X-Forwarded-For 这两个 Header 里传给 Pod。虽然 Ingress-nginx 的 remote_addr 也会存放客户端真实 IP 地址，但 remote_addr 并不会作为 Header 传递下去，Pod 中不能以此 Header 作为获取客户端 IP 地址的方式。

需要说明一点，为了简化原理，第 2 步省去了 SLB 转发给节点，再由节点转发给 Ingress-nginx 的中间环节，事实上，某些情况下 SLB 也确实能直接转发给 Pod，不经过节点。

第二种情况，SLB 配置为七层，如图 11-5 所示。此种情况下，Client 发请求到 SLB，SLB 会将 Client 的 IP 地址放到 X-Forwarded-For（阿里云的 SLB 七层监听默认开启了 X-Forwarded-For）这个 Header 里，然后传递给 Ingress-nginx。而 Ingress-nginx 收到请求报文的源 IP 地址是 SLB 内部的 IP 地址，因此默认情况下，Ingress-nginx 会将 SLB 的内部 IP 地址视为客户端真实 IP 地址，需要配置 Ingress-nginx 来开启 X-Forwarded-For 特性。

下面来说明开启 X-Forwarded-For 后，X-Forwarded-For 的传递过程。

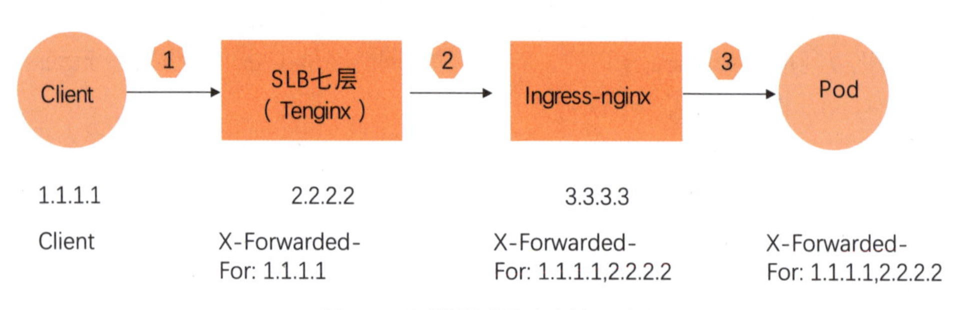

图 11-5　七层网络获取客户端 IP 地址

（1）第 1 步，一级代理 Tenginx 收到 Client 的请求，Tenginx 会将 Client 的 IP 地址"append"到 X-Forwarded-For 中（此时看到的就是："X-Forwarded-For: 1.1.1.1"）并且将此 Header 一起发送给二级代理 Ingress-nginx。

（2）第 2 步，二级代理 Ingress-nginx 收到请求，会继续将前一级代理的 IP 地址（这里是 2.2.2.2）"append"到 X-Forwarded-For 中（此时看到的是"X-Forwarded-For: 1.1.1.1, 2.2.2.2"）并将此 Header 通过请求一并发送给 Pod。这里有两点要注意：每经过一层代理，Nginx 都会把前一级的 IP 地址"append"到 X-Forwarded-For 中，而不是直接覆盖；"append"意为追加，即把前一级的 IP 地址追加到后面，所以无论经过多少级代理，Client 的真实 IP 地址都是放在 X-Forwarded-For 中的第一个 IP 地址。

11.3.2　ExternalTrafficPolicy 的影响

ExternalTrafficPolicy 字段通常出现在 LoadBalancer 类型的服务中，它有两个值：Local 和 Cluster。下面用两张图解释一下 Local 和 Cluster 的区别，如图 11-6、图 11-7 所示。

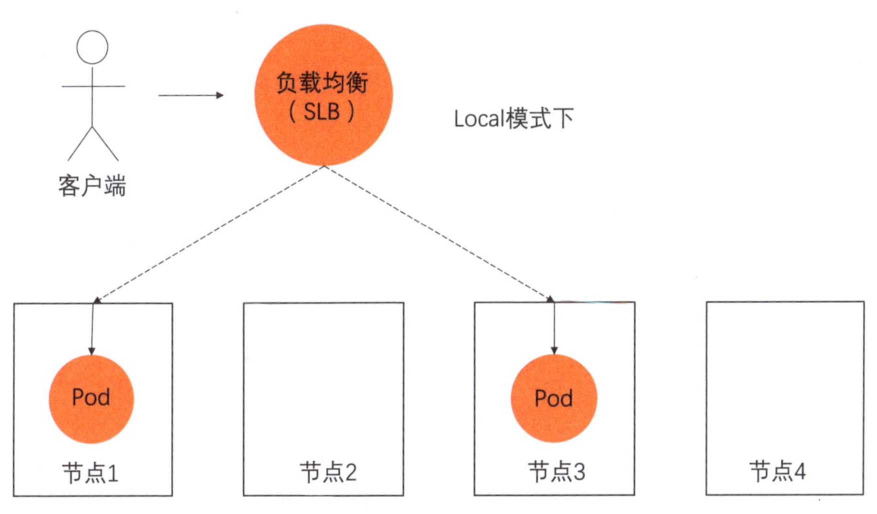

图 11-6　Local 模式网络转发

在 Local 模式下，SLB 会将流量发往 Pod 所在的节点，即节点 1 和节点 3，然后转发到本节点的 Pod 上。

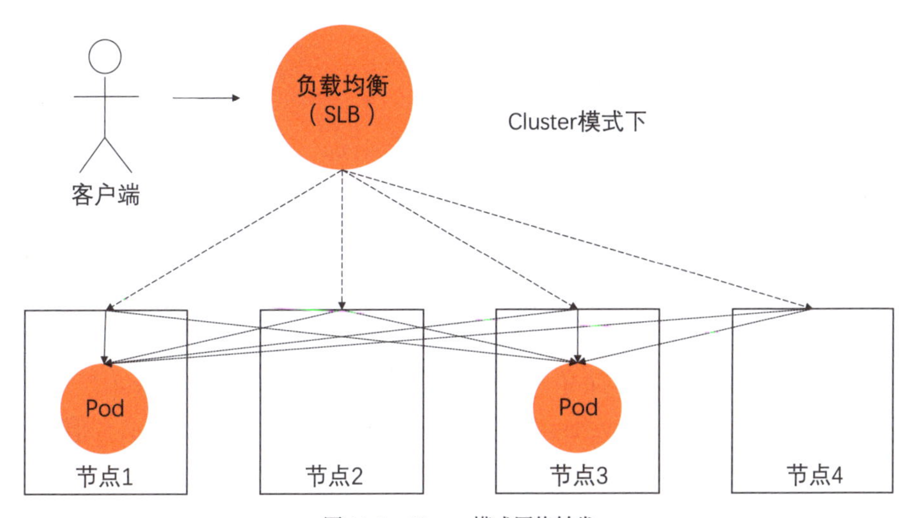

图 11-7　Cluster 模式网络转发

在 Cluster 模式下，SLB 会将流量随机转发到任意一个 Worker 节点，然后 Worker 节点再随机转发到其中一个 Pod 上，既可能是转发到本节点的 Pod 上，也可能是转发到其他节点的 Pod 上。跨节点转发是由 SNAT 实现的，而 SNAT 会修改掉报文的 Source IP 地址，Pod 收到的报文的 Source IP 地址就是节点的

IP 地址，这样就把前一级的真实 IP 地址替换掉了。前面讲过，SLB 在四层的情况下，Client 的真实 IP 地址是透传（不经过代理修改，直接转发）的，因此，Ingress-nginx 无法获取客户端的真实 IP 地址。

11.3.3 如何获取客户端真实 IP 地址

根据上节所讲，需要将 ExternalTrafficPolicy 的值设置为 Local，才能保证 Ingress-nginx 可以获取客户端的真实 IP 地址。这里分两种情况。

（1）SLB 为四层转发时，Ingress-nginx 可以正确获取到客户端真实 IP 地址，不需要做任何改动，Pod 需要从 Header 里获取客户端真实 IP 地址。

（2）SLB 为七层转发时，Tenginx 会将客户端真实 IP 地址放到 X-Forwarded-For 里，同样，Ingress-nginx 也会添加 Tenginx 的 IP 地址到 X-Forwarded-For 并传递给 Pod。当 Tenginx 前面有多层代理时也是一样的。同时，我们需要在 SLB 和 Ingress-nginx 上开启 X-Forwarded-For。SLB 默认开启，Ingress-nginx 开启 X-Forwarded-For 需要修改 nginx-configuration，在 data 中添加：

```
use-forwarded-headers: "true"
compute-full-forwarded-for: "true"
forwarded-for-header: X-Forwarded-For
```

11.4 白名单功能

Nginx Ingress Controller 官方网站给出了 Ingress 白名单配置的一般方法：

- 通过 Annotation 配置单个 Ingress，作用范围是本 Ingress，对应的 Annotation：nginx.ingress.kubernetes.io/whitelist-source-range，值填写 CIDR，用逗号分隔符分隔，如“192.168.0.0/24, 10.0.0.10”。
- 配置到 nginx-configuration 里，作用范围为全局，参数：whitelist-source-range。要说明的一点是，全局参数会被 Annotation 的设置覆盖。

Ingress 白名单的原理是判断客户端真实 IP 地址是否在白名单列表里，所以 Ingress-nginx 能否正确获取客户端的真实 IP 地址，是白名单能否生效的关键。因此，只要解决了 Ingress-nginx 如何获取客户端真实 IP 地址的问题，那么 Ingress 白名单问题就迎刃而解。

前面讲了 Ingress-nginx 无法获取客户端真实 IP 地址的一些典型场景，比如：nginx-ingress-lb 的 ExternalTrafficPolicy 是 Cluster，需要改为 Local；nginx-ingress-lb 的 SLB 是七层的，需要手动设置 X-Forwarded-For；nginx-ingress-lb 前面还存在代理等。前面已经讲过如何获取客户端真实 IP 地址，这里不再赘述。

Ingress-nginx 的新版本实现比较简单，Ingress 控制器直接在 nginx.conf 的 location 下面添加：

```
    allow 110.110.0.0/24;
deny all;
```

对于老版本的 Ingress-nginx，是通过 Nginx 的 Geo 模块实现的，通常配置成这样：

```
    geo $the_real_ip $deny_kHyvzNZYDaqjcgInJrKHmHrtpXYFRiWj {
                default 1;
                110.110.0.0/24  0;
        }
......
```

$the_real_ip 如果落在 110.110.0.0/24 中，则放行（0），否则进入“default”，即拒绝（1）。可以通过查看 Ingress-nginx 的配置文件来确认白名单是否配置成功，配置文件路径为 /etc/nginx/nginx.conf。

11.5　总结

本章讲述了 Ingress 的基本用法和原理，以及一些使用场景。事实上，Ingress 在使用的过程中会有更多更复杂的场景，无法一一列出。对于 Ingress 在实际使用过程中遇到的一些问题，本章可以作为参考。

第 12 章

升级设计与实现

得益于活跃的开源社区，Kubernetes 的迭代速度较快，目前保持每个季度发行一个新版本的节奏。新版本的 Kubernetes 有着更为先进的新特性、更加全面的安全加固和漏洞修复机制。

为了让用户能够尽快地使用更新版本的 Kubernetes，也为了维护线上多集群版本的统一性以减少运维成本。我们需要将现存的集群安全且“平滑”地升级到更新的版本。集群升级是系统运维领域的焦点问题之一，也是一个面临着很多挑战的问题。

在这一章中，我们会对集群升级及其相关的知识进行完整的介绍，包括升级预检、原地升级与替换升级，以及集群升级“三部曲”。

12.1 升级预检

大家把为正在对外提供服务的 Kubernetes 集群升级比作“给飞行中的飞机换引擎”，所以升级的难度可想而知。

升级难度主要源自两点：一是集群经过长时间的运行，积累了复杂的运行时状态；二是集群已经被进行了各种个性化配置。这两点都会带来升级流程中难以处理的情况，从而导致升级失败。

这就需要我们在升级集群之前对集群进行全面的检查，从而保证升级可以顺利完成。下面我们就以阿里云容器服务 Kubernetes 集群升级预检为例，对预检的各个检查项进行详细的介绍。

集群升级预检功能目前被放置在运维中心里。如图 12-1 所示，运维中心支持集群升级前置检查、组件升级前置检查和集群检查三种检查类型。本章主要对集群升级前置检查进行介绍与解析。

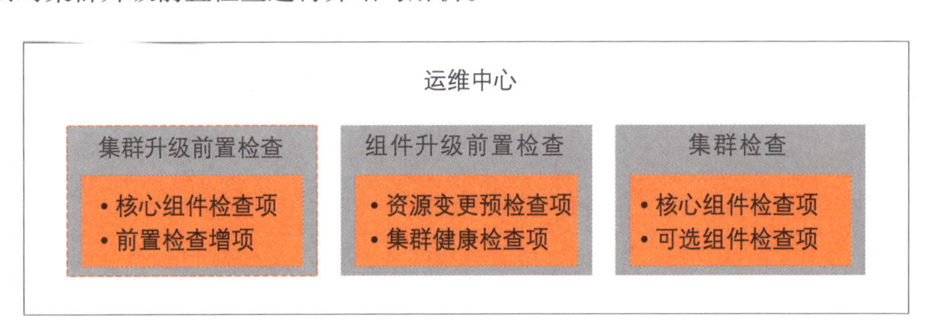

图 12-1　运维中心的组成

12.1.1　核心组件检查项

说到集群健康检查，就不得不剖析一下集群的健康对于集群升级的重要性。一个不健康的集群很可能会在升级中出现各种异常的问题，就算侥幸完成了升级，各种问题也会在后续使用中逐渐凸显出来。

也有的用户会说，我的集群看起来挺健康的，但是升级之后就出现问题了。一般来说，之所以会发生这种情况，是因为在集群在升级之前这个问题已经存在了，只不过是在经历了集群升级之后才显现出来。

了解了在升级前对集群做健康检查的重要性之后，我们来对前置检查的各个检查项进行分类讲解。我们将核心组件检查项分为三类，分别是云资源检查，核心组件检查以及节点配置检查。

1. 集群云资源

容器服务 Kubernetes 需要依赖阿里云底层的各种资源，集群所依赖的云资源一旦不健康，或发生配置错误，都会影响整个集群的状态。

下面就我们需要检查的云资源、它们所包含的检查项，以及检查项异常可能带来的影响进行分析，具体分析如表 12-1 所示。

表12-1

云资源	检查项	检查项异常可能带来的影响
API Server所使用的SLB	SLB实例是否存在	API Server访问异常
	SLB实例是否健康	API Server访问异常
	SLB监听端口和协议配置	API Server访问异常
	SLB后端转发配置	API Server访问异常
	SLB访问控制配置	可能导致Worker无法连通API Server
集群所使用的VPC	VPC实例是否存在	集群异常
	VPC实例是否健康	集群异常
集群所使用的VSwitch	VSwitch实例是否存在	集群异常
集群内的ECS实例	ECS实例是否存在	节点异常
	ECS实例是否健康	节点异常
	安全组配置	节点间无法正常通信
	ECS实例是否欠费	节点欠费被释放
	ECS规格是否太小	可能导致系统组件无法启动

2. 集群核心组件

集群核心组件的健康与否影响着整个集群的健康。下面我们就所需要检查的组件、它们所包含的检查项，以及检查项异常可能带来的影响进行分析，具体分析如表 12-2 所示。

表12-2

组件	检查项	检查项异常可能带来的影响
网络组件	集群内的网络组件是否为最新版本	可能会造成兼容性问题

续表

组件	检查项	检查项异常可能带来的影响
Apiservice	是否存在不可用的Apiservice	会导致Namespace无法删除等问题
节点	是否Ready	节点无法正常工作
	节点IP地址是否存在	节点无法正常工作
	节点是否可调度	节点上无法运行升级任务

3. 集群节点配置

节点作为承载 Kubernetes 的底层元计算资源，不仅运行着 Kubelet、Docker 等重要的系统进程，也充当着集群和底层硬件交互接口的角色。

确保节点的健康性和配置的正确性是确保整个集群健康性的重要一环。下面我们就所需要检查的节点组件、它们所包含的检查项，以及检查项异常可能带来的影响进行分析，具体分析如表 12-3 所示。

表12-3

节点组件	检查项	检查项异常可能带来的影响
网络	iptables配置	可能导致集群通信异常
操作系统	是否开启了Swap	影响Kubelet正常工作
	时间同步服务（Ntpd或者Chronyd）是否正常	节点时间异常
	Yum命令是否可用	无法安装Rpm包
	Systemd是否健康	可能导致Docker和Kubelet异常
	GPU节点上的驱动和设备是否健康	GPU相关组件无法更新
Kubelet	Kubelet进程是否健康	导致节点NotReady
	Kubelet配置是否正常	可能导致Kubelet异常
Docker	Docker进程是否健康	导致节点NotReady
	Docker配置是否正常	可能导致Docker异常
内核参数	内核参数配置是否正常	可能导致节点异常

12.1.2 前置检查增项

1. 节点水位检查

目前容器服务 Kubernetes 的集群升级方式为原地升级。这种升级方式可以保证整个集群“平滑”升级，但相应也要为集群升级预留一定的资源，以保证集群的顺利升级。

具体的资源检查项主要有剩余可运行 Pod 数量、磁盘剩余容量、可用句柄数、进程数，以及可用内存。

对于剩余的可运行 Pod 数量，我们需要确保集群至少可以创建一个新 Pod，用于运行升级 CRD Controller 的组件，且被升级的节点至少可以运行一个 Pod 用于节点升级；对于系统磁盘剩余容量，至少要有 1GB 的剩余空间用于存储升级临时文件；对于可用句柄数和进程数，要求有 10% 余量可用；对于内存，至少需要 200MB 用于升级。

2. 升级依赖资源检查

目前容器服务 Kubernetes 在升级集群的过程中，除了对管控面板和节点进行升级之外，也会升级集群中的 kube-proxy 和 CoreDNS 系统组件。所以在升级之前，我们也需要对 kube-proxy 和 CoreDNS 的相关配置进行检查，防止升级后发生错误。

3. 废弃资源与不兼容项检查

Kubernetes 的不同版本之间可能存在着资源废弃与不兼容的情况，我们需要在升级集群之前对这些检查点进行逐一检查，并进行相应的处理。这里以升级到 1.16 版和升级到 1.18 版为例说明。

升级到 1.16 版之前需要对 CoreDNS 所使用的 Corefile 进行检查，并将 Corefile 迁移到 CoreDNS 1.6 版所支持的版本中。这是因为，Kubernetes 社区推荐的 Kubernetes 1.16 版所对应的 CoreDNS 为 1.6 版。与之前版本的 CoreDNS 相比，其主要的配置变化为将默认的转发插件从 proxy 切换到了 forward 组件，并从镜像中移除了 proxy 插件。这就导致如果我们不提前修改 Corefile 的话，在我们升级完 Kubernetes 与 CoreDNS 之后，CoreDNS 会因为无法识别 Corefile 中的 proxy 插件而导致程序崩溃。

升级到 1.18 版之前需要对集群和本地工作流水线中的工作负载进行检查，需要确保所有工作负载都不再使用 extensions/v1beta1、apps/v1beta1 和 apps/v1beta2 这三个 APIVersion。因为这三个 APIVersion 会在 1.18 版中被彻底删除，所以位于 apps/v1beta1 和 apps/v1beta1 下的资源使用 apps/v1 替代，位于 extensions/v1beta1 下的资源 daemonsets、deployments、replicasets 使用 apps/v1 替代，位于 extensions/v1beta1 下的资源 networkpolicies 使用 networking.k8s.io/v1 替代。

12.2　原地升级与替代升级

在软件升级领域，有两种主流的软件升级方式，即原地升级和替换升级。这两种升级方式同样适用于 Kubernetes 集群。这两种方式采用了不同的思路，存在着各自的利弊。下面我们对这两种集群升级方式及其优缺点展开讲解。

12.2.1　原地升级

原地升级会通过在 ECS 上原地替换 Kubernetes 组件的方式完成整个集群的升级工作，阿里云容器服务 Kubernetes 为客户提供的集群升级就是基于这种方式的。

以 1.14 版升级到 1.16 版为例，我们会通过直接升级节点上的 Kubelet 及其配置的方式，将集群所有节点升级到 1.16 版。在这个过程中节点保持运行，ECS 的相关配置也不会被修改，如图 12-2 所示。

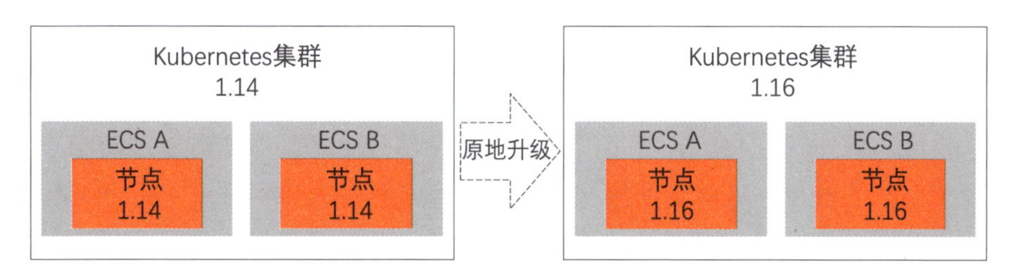

图 12-2　集群原地升级

原地升级的优点在于，通过原地替换的方式对节点进行升级，保证了节点上的 Pod 不会因为集群升级而重建，确保了业务的连贯性。该种升级方式不对底层 ECS 进行修改和替换，保证了依赖特定节点调度的业务可以正常运行，也对 ECS 的包年、包月客户更加友好。

原地升级的缺点在于，需要在节点上进行一系列升级操作，才能完成整个节点的升级工作。这就导致整个升级过程不够“原子化”，可能会在中间的某一步失败，从而导致该节点升级失败。原地升级的另一个缺点是需要预留一定量的资源，只有在资源足够的情况下升级程序才能在ECS上完成对节点的升级。

12.2.2 替代升级

替代升级又称轮转升级。替代升级会逐个将旧版本的节点从集群中移除，并用全新的新版本节点来替换，从而完成整个 Kubernetes 集群的升级工作。

同样以 1.14 版升级到 1.16 版为例，用替代轮转方式，我们会将集群中 1.14 版的节点依次进行排水（drain）并从集群中移除，并直接加入 1.16 版的节点。完成所有节点的轮转之后，整个集群就升级到 1.16 版了，如图 12-3 所示。

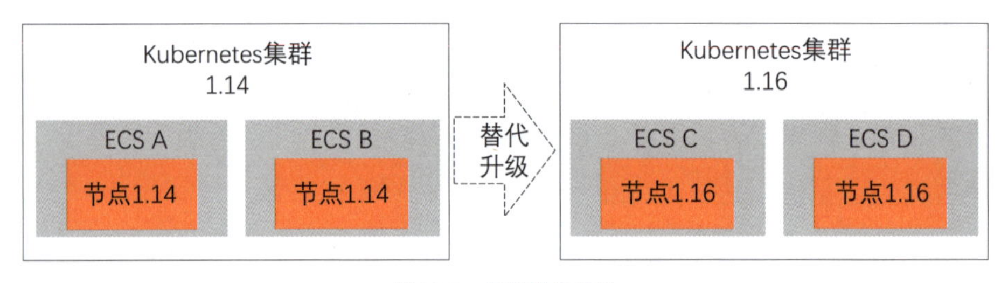

图 12-3　集群替代升级

替代升级的优点在于，通过将旧版本的节点替换为新版本的节点从而完成集群升级。这个替换的过程相较于原地升级更为“原子化”，也不存在那么复杂的中间状态，所以也不需要在升级之前进行太多的前置检查。

替代升级的缺点在于，将集群内的节点全部进行替换和重置，所有节点都会经历排水的过程，这就会使集群内的 Pod 大量迁移重建。在对 Pod 重建容忍度比较低的业务中可能会引发故障。另一个缺点为节点经历重置后，储存在节点本地磁盘上的数据都会丢失。最后就是这种升级方式可能会带来宿主机 IP 地址变化等问题，对包年、包月用户也不够友好。

12.3　升级三部曲

了解了两种集群升级方式之后，我们以阿里云容器服务 Kubernetes 目前所支持的原地升级方式为例，对集群升级功能展开讲解。

首先我们来看集群升级状态机。如图 12-4 所示，客户进行升级操作之后，集群的状态会从“运行中”转换为“升级中”状态，如果升级顺利结束，则集群会转入“运行中”状态。

如果客户主动暂停升级，或者遭遇升级失败，那么集群会转为集群暂停状态。在升级暂停状态中的集群会暂停集群升级的进程，已经开始升级的节点会继续升级直到完成，没开始升级的节点则不会继续升级。

在暂停状态之下，我们可以将集群状态转为“升级中”，也可以取消本次升级。取消升级之后集群的状态会转为“运行中”。这时已经完成升级的节点不会回滚，未升级的节点也不会继续升级。

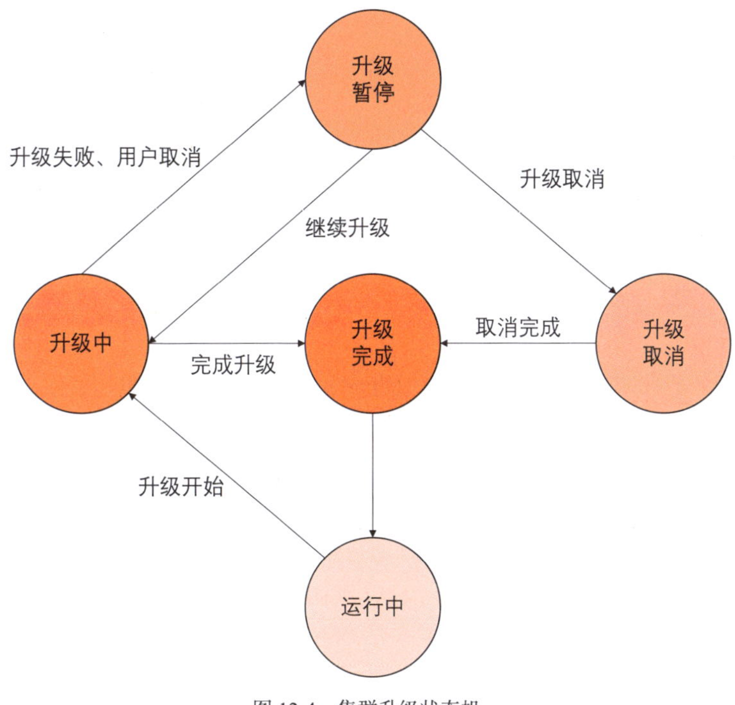

图 12-4　集群升级状态机

整体升级过程如图 12-5 所示，可以划分为如下三个步骤。

（1）滚动升级 Master 节点。

（2）分批升级 Worker 节点。

（3）升级核心系统组件。

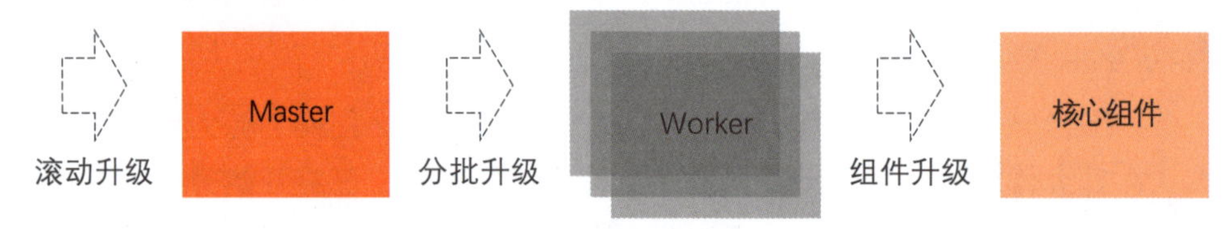

图 12-5　集群升级过程

下面我们来对三个步骤中的具体操作进行介绍。

12.3.1　升级 Master 节点

升级集群的第一步是升级 Master 节点。因为 Kubernetes 社区会保证 Master 对 Kubelet 有向下两个版本的兼容性，例如 1.16 版的 Master 可以兼容 1.14 版的 Kubelet。但是 Kubernetes 社区不保证低版本 Kubelet 对高版本 Master 的兼容性。

在前面章节我们介绍过，Master 上运行的主要是 kube-apiserver、kube-scheduler 和 kube-controller-manager 三大管控组件。升级 Master 主要就是对这三大组件的升级。

在专有版集群中，Master 三大组件是依靠静态 Pod 机制运行的，所以升级过程中会依次在所有 Master 节点上进行如下操作。

（1）备份节点上的相关配置，主要包括系统组件的 Yaml 文件。

（2）修改节点的上配置文件，以适应新版本的 Kubernetes。

（3）升级节点上的 kubeadm（升级 static Pod 的工具）。

（4）使用 kubeadm 将 static Pod 升级到目标版本。

（5）升级节点上的 GPU 相关配置（如果有的话）。

（6）根据备份信息对全新的 static Pod 进行个性化配置。

在托管版集群中，Master 是部署在管控集群中的三个 Deployment。我们在对 Master 进行升级的时候，需要将这三个 Deployment 更新为目标版本。

12.3.2　升级 Worker 节点

在完成 Master 升级之后，我们就可以开始对 Worker 节点进行升级了。节点的版本是通过节点上的 Kubelet 进行上报的，也就是说 Kubelet 的版本号决定了节点的版本号。

节点升级的主要工作，是升级 Kubelet 核心组件及其相关配置，具体操作如下。

（1）备份节点上的相关配置，包括 Kubelet 的配置文件等。

（2）将节点上的 CNI 升级到与目标版本相匹配的版本。

（3）将节点上的 Kubectl 升级到目标版本。

（4）将节点上的 Kubelet 升级到目标版本。

（5）根据节点的信息和 Kubelet 的目标版本对其进行个性化配置。

为了控制节点的升级节奏，更好地控制原地升级带来的风险，我们自主研发了用于控制升级任务的 CRD。这个 CRD 的开源版本就是 OpenKruise 中的 BroadcastJob。通过使用该 CRD 的能力，用户可以对升级过程执行以下精细化的操作。

- 升级暂停：暂停正在进行的升级任务，已经开始升级的节点会完成升级，没开始升级的节点会暂停升级。
- 升级恢复：继续整个升级流程，开始对未升级的节点进行升级。
- 升级取消：在暂停整个升级流程后，可以取消本次集群升级。取消升级后，已经完成升级的节点不会回滚，尚未进行升级的节点不会进行升级。
- 批量升级：可以对每个批次升级的节点数目进行控制。
- 慢启动：再开始启动升级后，第一批次先对一个节点进行升级，后面每批次升级的节点数按 2 的幂指数规律增长，直到达到设定的批次最大值（默认为 10%）。

12.3.3 核心组件升级

在成功升级 Master 与 Worker 之后，我们会对集群中的核心组件进行升级。目前跟随 Kubernetes 一起进行升级的核心组件主要为 kube-proxy 和 CoreDNS。

其中 kube-proxy 的版本号是跟随 Kubernetes 集群的版本进行统一管理的，两者的版本号是一致的。我们在升级 Kubernetes 集群的过程中，会将 kube-proxy 升级到相应的版本。

而 CoreDNS 有着自己的版本声明管理周期，其版本号并不与 Kubernetes 保持一致。为了保证 CoreDNS 与 Kubernetes 的版本兼容性，Kubernetes 社区为 CoreDNS 的版本与 Kubernetes 版本设定了一个对应矩阵。在升级 Kubernetes 集群的过程中，我们会按照版本矩阵将 CoreDNS 升级到对应的版本。

12.4 总结

随着软件的不断更新与迭代，如何安全、“平滑”地将现存软件系统升级到最新的版本也越来越受到广大用户的重视。

Kubernetes 作为云原生操作系统，其分布式的属性，以及快速的迭代更新，都对集群本身的升级带来不少困难。

本章我们分别从升级预检、升级的两种典型方式，以及升级三部曲等角度，对阿里云容器服务 Kubernetes 的升级设计做了深入的剖析，希望对读者理解和使用容器产品有所帮助。

下　篇

实践篇（诊断之美）

第 13 章

节点就绪状态异常（一）

针对完全陌生的云产品或者系统组件来诊断不熟悉的问题，是阿里云工程师的日常工作中比较有趣的一类场景，也是一个挑战。这一章我们来分享一个 Kubernetes 集群诊断案例。

此类问题影响范围较广。从技术上来说，问题和一些底层的操作系统组件有关系，比如 Systemd 和 D-Bus。排查问题的思路和方法对理解 Kubernetes 的实现非常有帮助，也可以被复用到相关问题的诊断过程中。

13.1 问题介绍

13.1.1 就绪状态异常

阿里云有自己的 Kubernetes 容器集群产品。随着 Kubernetes 集群出货量剧增，线上用户零星地发现，集群会非常低概率地出现节点 NotReady（集群就绪状态异常）的情况。据我们观察，这个问题差不多每个月都会有一两个用户遇到。在节点 NotReady 之后，集群 Master 没有办法对这个节点做任何控制，比如下发新的 Pod，又如抓取节点上正在运行的 Pod 的实时信息，如

图 13-1 所示。

```
[root@                    ~]# kubectl get nodes
NAME                                       STATUS     ROLES     AGE     VERSION
cn-shanghai.                               Ready      master    23d     v1.12.6-aliyun.1
cn-shanghai.                               Ready      master    23d     v1.12.6-aliyun.1
cn-shanghai.                               NotReady   <none>    23d     v1.12.6-aliyun.1
cn-shanghai.                               Ready      <none>    23d     v1.12.6-aliyun.1
cn-shanghai.                               Ready      <none>    4d14h   v1.12.6-aliyun.1
cn-shanghai.                               Ready      master    23d     v1.12.6-aliyun.1
```

图 13-1　节点就绪状态异常

13.1.2　背景知识

这里我们稍微补充一点 Kubernetes 集群的基本知识。Kubernetes 集群的“硬件基础”是以单机形态存在的集群节点，这些节点可以是物理机，也可以是虚拟机。集群节点分为 Master 节点和 Worker 节点。

Master 节点主要用来承载集群管控组件，比如调度器和控制器。而 Worker 节点主要用来“跑”业务。Kubelet 是“跑”在各个节点上的代理，它负责与管控组件沟通，并按照管控组件的指示，直接管理 Worker 节点，如图 13-2 所示。

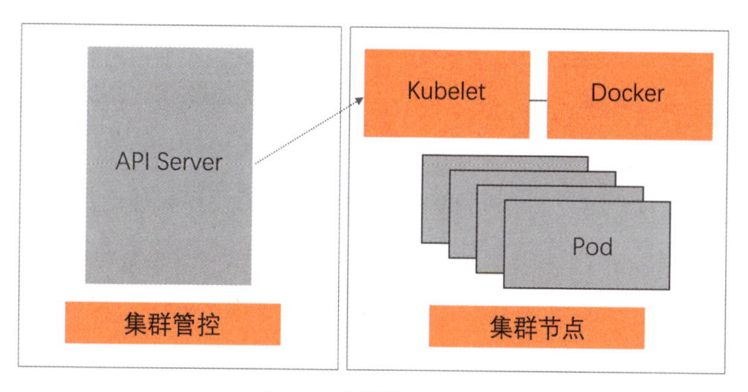

图 13-2　集群简易架构图

当集群节点进入 NotReady 状态的时候，我们需要做的第一件事情，是检查运行在节点上的 Kubelet 是否正常。在这个问题出现的时候，使用 systemctl 命令查看 Kubelet 状态（Kubelet 是 Systemd 管理的一个 daemon）发现它是正常运行的。当我们用 journalctl 查看 Kubelet 日志的时候，会发现图 13-3 中的错误。

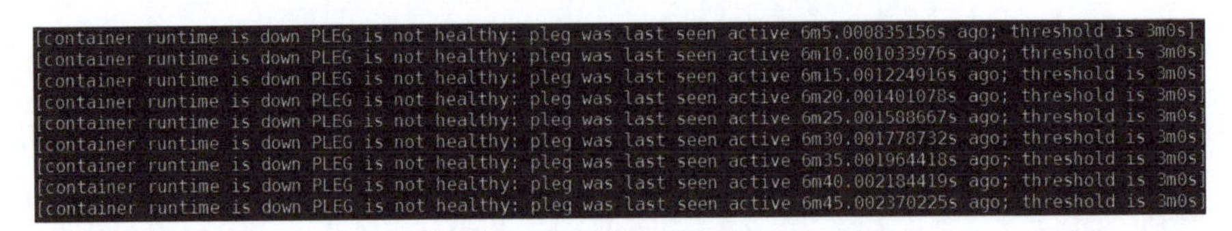

图 13-3 集群节点异常报错

13.1.3 关于 PLEG 机制

这个报错清楚地告诉我们，容器运行时是不工作的，且 PLEG 是不健康的。这里容器运行时指的就是 docker daemon。Kubelet 通过操作 docker daemon 来控制容器的生命周期。

而这里的 PLEG 指的是 Pod lifecycle event generator，PLEG 是 Kubelet 用来检查运行时的健康检查机制。这件事情本来可以由 Kubelet 使用 polling 的方式来做，但是 polling 有其成本高的缺陷，所以 PLEG 应运而生。

PLEG 尝试以一种“中断”的形式，来实现对容器运行时的健康检查，虽然实际上它是一种同时使用 polling 和“中断”的折中方案，如图 13-4 所示。

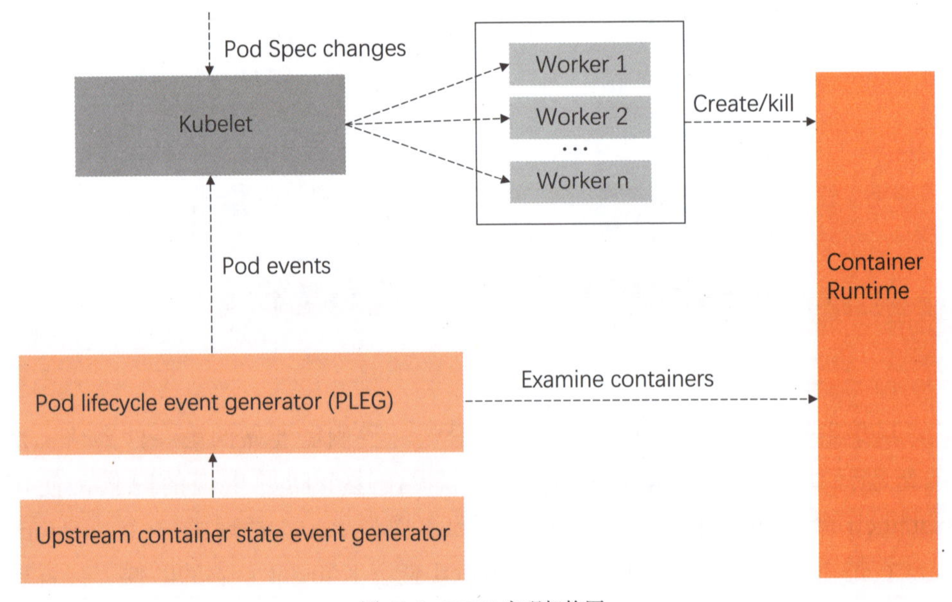

图 13-4 PLEG 实现架构图

根据上面的报错，我们基本上可以确认容器运行时出了问题。在有问题的节点上，通过 docker 命令尝试运行新的容器，命令会没有响应，这说明上面的报错是准确的。

13.2　Docker 栈

13.2.1　docker daemon 调用栈分析

Docker 作为阿里云 Kubernetes 集群使用的容器运行时，在 1.11 版之后，被拆分成了多个组件以适应 OCI 标准。拆分之后，其包括 docker daemon、containerd、containerd-shim 和 runC。组件 containerd 负责集群节点上容器的生命周期管理，并向上为 docker daemon 提供 gRPC 接口，如图 13-5 所示。

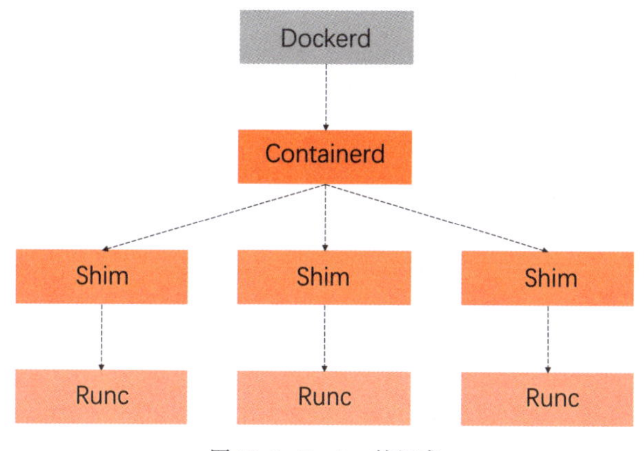

图 13-5　Docker 的组成

在这个问题中，既然 PLEG 认为容器运行时出了问题，我们就需要从 docker daemon 进程看起。我们可以使用 kill -USR1 <pid> 命令发送 USR1 信号给 docker daemon，而 docker daemon 收到信号之后，会把所有线程调用栈输出到 /var/run/docker 文件夹里。

docker daemon 进程的调用栈是比较容易分析的。稍加留意，我们会发现大多数调用栈都是图 13-6 中的样子。通过观察栈上每个函数的名字，以及函数所在的文件（模块）名称，我们可以了解到，这个调用栈的下半部分，是进程接到 HTTP 请求，并对请求做出路由转发的过程，而上半部分则是具体的处理函数。最终处理函数进入等待状态，等待一个 mutex 实例，如图 13-6 所示。

```
goroutine 29104 [semacquire, 112 minutes]:
sync.runtime_SemacquireMutex(0xc421b30084, 0x0)
	/usr/local/go/src/runtime/sema.go:71 +0x3f
sync.(*Mutex).Lock(0xc421b30080)
	/usr/local/go/src/sync/mutex.go:134 +0x10a
github.com/docker/docker/daemon.(*Daemon).ContainerInspectCurrent(0xc4208201e0, 0xc420cc4be6, 0x40, 0x0, 0xc422431500, 0xc422431560, 0xc422bc5e90)
	/go/src/github.com/docker/docker/daemon/inspect.go:40 +0x8e
github.com/docker/docker/daemon.(*Daemon).ContainerInspect(0xc4208201e0, 0xc420cc4be6, 0x40, 0x0, 0xc420cc4bd6, 0x4, 0x55606bd4e5c0, 0xc4221cd801, 0xc
4208dfe40, 0xc4221cd7c8)
	/go/src/github.com/docker/docker/daemon/inspect.go:29 +0x11d
github.com/docker/docker/api/server/router/container.(*containerRouter).getContainersByName(0xc420b49480, 0x55606c178960, 0xc422fce150, 0x55606c176d60
, 0xc422ba8380, 0xc420d91300, 0xc422fce0c0, 0x55606b4e9cfb, 0x5)
	/go/src/github.com/docker/docker/api/server/router/container/inspect.go:15 +0x119
github.com/docker/docker/api/server/router/container.(*containerRouter).(github.com/docker/docker/api/server/router/container.getContainersByName)-fm(
0x55606c178960, 0xc422fce150, 0x55606c176d60, 0xc422ba8380, 0xc420d91300, 0xc422fce0c0, 0x55606a02a7cc, 0x55606bfb48e0)
	/go/src/github.com/docker/docker/api/server/router/container/container.go:39 +0x6b
github.com/docker/docker/api/server/middleware.ExperimentalMiddleware.WrapHandler.func1(0x55606c178960, 0xc422fce150, 0x55606c176d60, 0xc422ba8380, 0x
c420d91300, 0xc422fce0c0, 0x55606c178960, 0xc422fce150)
	/go/src/github.com/docker/docker/api/server/middleware/experimental.go:26 +0xda
github.com/docker/docker/api/server/middleware.VersionMiddleware.WrapHandler.func1(0x55606c178960, 0xc422fce120, 0x55606c176d60, 0xc422ba8380, 0xc420d
91300, 0xc422fce0c0, 0x0, 0xc4221cda58)
	/go/src/github.com/docker/docker/api/server/middleware/version.go:62 +0x401
github.com/docker/docker/pkg/authorization.(*Middleware).WrapHandler.func1(0x55606c178960, 0xc422fce120, 0x55606c176d60, 0xc422ba8380, 0xc420d91300, 0
xc422fce0c0, 0x55606c178960, 0xc422fce120)
	/go/src/github.com/docker/docker/pkg/authorization/middleware.go:59 +0x7ab
github.com/docker/docker/api/server.(*Server).makeHTTPHandler.func1(0x55606c176d60, 0xc422ba8380, 0xc420d91300)
	/go/src/github.com/docker/docker/api/server/server.go:141 +0x19a
net/http.HandlerFunc.ServeHTTP(0xc420c764e0, 0x55606c176d60, 0xc422ba8380, 0xc420d91300)
	/usr/local/go/src/net/http/server.go:1947 +0x46
github.com/docker/docker/vendor/github.com/gorilla/mux.(*Router).ServeHTTP(0xc420cb3040, 0x55606c176d60, 0xc422ba8380, 0xc420d91300)
	/go/src/github.com/docker/docker/vendor/github.com/gorilla/mux/mux.go:103 +0x228
github.com/docker/docker/api/server.(*routerSwapper).ServeHTTP(0xc420fc7cd0, 0x55606c176d60, 0xc422ba8380, 0xc420d91300)
	/go/src/github.com/docker/docker/api/server/router_swapper.go:29 +0x72
net/http.serverHandler.ServeHTTP(0xc420809040, 0x55606c176d60, 0xc422ba8380, 0xc420d91300)
	/usr/local/go/src/net/http/server.go:2697 +0xbe
net/http.(*conn).serve(0xc42187c5a0, 0x55606c1788a0, 0xc420ed8e40)
	/usr/local/go/src/net/http/server.go:1830 +0x653
created by net/http.(*Server).Serve
	/usr/local/go/src/net/http/server.go:2798 +0x27d
```

图 13-6　线程等待 mutex 状态

到这里，我们需要稍微看一下 ContainerInspectCurrent 这个函数的实现。从实现可以看到，这个函数的第一个参数，就是这个线程正在操作的容器名指针。使用这个指针搜索整个调用栈文件，我们会找出所有等在这个容器上的线程。同时，我们可以看到图 13-7 中的这个线程。

这个线程调用栈上的函数 ContainerExecStart 也是在处理相同的容器。但不同的是，ContainerExecStart 并没有在等这个容器，而是已经拿到了这个容器的操作权（mutex），并把执行逻辑转向了 containerd 调用。

关于这一点，我们也可以使用代码来验证。前面提到过，containerd 通过 gRPC 向上对 docker daemon 提供接口。此调用栈上半部分内容，正是 docker daemon 在通过 gRPC 请求来呼叫 containerd。

```
goroutine 25790 [select, 124 minutes]:
github.com/docker/docker/vendor/google.golang.org/grpc/transport.(*Stream).waitOnHeader(0xc420cfb2c0, 0x10, 0xc422fe8be0)
	/go/src/github.com/docker/docker/vendor/google.golang.org/grpc/transport/transport.go:222 +0x101
github.com/docker/docker/vendor/google.golang.org/grpc/transport.(*Stream).RecvCompress(0xc420cfb2c0, 0x55606c142670, 0xc422fe8ca0)
	/go/src/github.com/docker/docker/vendor/google.golang.org/grpc/transport/transport.go:233 +0x2d
github.com/docker/docker/vendor/google.golang.org/grpc.(*csAttempt).recvMsg(0xc42227d040, 0x55606bf98d40, 0xc4212a2714, 0x0, 0x0)
	/go/src/github.com/docker/docker/vendor/google.golang.org/grpc/stream.go:515 +0x63b
github.com/docker/docker/vendor/google.golang.org/grpc.(*clientStream).RecvMsg(0xc421735e80, 0x55606bf98d40, 0xc4212a2714, 0x0, 0x0)
	/go/src/github.com/docker/docker/vendor/google.golang.org/grpc/stream.go:395 +0x45
github.com/docker/docker/vendor/google.golang.org/grpc.invoke(0x55606c178960, 0xc421adf560, 0x55606b53b7b6, 0x29, 0x55606bf9a860, 0xc420176740, 0x5560
6bf98d40, 0xc4212a2714, 0xc4207b6600, 0xc42089a200, ...)
	/go/src/github.com/docker/docker/vendor/google.golang.org/grpc/call.go:83 +0x185
github.com/docker/docker/vendor/github.com/containerd/containerd.namespaceInterceptor.unary(0x55606b4e8d57, 0x4, 0x55606c1788e0, 0xc42003e038, 0x55606
b53b7b6, 0x29, 0x55606bf9a860, 0xc420176740, 0x55606bf98d40, 0xc4212a2714, ...)
	/go/src/github.com/docker/docker/vendor/github.com/containerd/containerd/grpc.go:35 +0xf6
github.com/docker/docker/vendor/github.com/containerd/containerd.(namespaceInterceptor).(github.com/docker/docker/vendor/github.com/containerd/contain
erd.unary)-fm(0x55606c1788e0, 0xc42003e038, 0x55606b53b7b6, 0x29, 0x55606bf9a860, 0xc420176740, 0x55606bf98d40, 0xc4212a2714, 0xc4207b6600, 0x55606c14
26e0, ...)
	/go/src/github.com/docker/docker/vendor/github.com/containerd/containerd/grpc.go:51 +0xf6
github.com/docker/docker/vendor/google.golang.org/grpc.(*ClientConn).Invoke(0xc4207b6600, 0x55606c1788e0, 0xc42003e038, 0x55606b53b7b6, 0x29, 0x55606b
f9a860, 0xc420176740, 0x55606bf98d40, 0xc4212a2714, 0x0, ...)
	/go/src/github.com/docker/docker/vendor/google.golang.org/grpc/call.go:35 +0x10b
github.com/docker/docker/vendor/google.golang.org/grpc.Invoke(0x55606c1788e0, 0xc42003e038, 0x55606b53b7b6, 0x29, 0x55606bf9a860, 0xc420176740, 0x5560
6bf98d40, 0xc4212a2714, 0xc4207b6600, 0x0, ...)
	/go/src/github.com/docker/docker/vendor/google.golang.org/grpc/call.go:60 +0xc3
github.com/docker/docker/vendor/github.com/containerd/containerd/api/services/tasks/v1.(*tasksClient).Start(0xc42017bc90, 0x55606c1788e0, 0xc42003e038
, 0xc420176740, 0x0, 0x0, 0x0, 0x55606b0dece4, 0xc422fe9090, 0x556069f1cd4b)
	/go/src/github.com/docker/docker/vendor/github.com/containerd/containerd/api/services/tasks/v1/tasks.pb.go:421 +0xd4
github.com/docker/docker/vendor/github.com/containerd/containerd.(*process).Start(0xc421adf4a0, 0x55606c1788e0, 0xc42003e038, 0x55606c18b860, 0xc421ad
f4a0)
	/go/src/github.com/docker/docker/vendor/github.com/containerd/containerd/process.go:109 +0xf5
github.com/docker/docker/libcontainerd.(*client).Exec(0xc42083e150, 0x55606c1788e0, 0xc42003e038, 0xc421c1f080, 0x40, 0xc422407880, 0x40, 0xc42214d930
, 0x0, 0xc4223c22b0, ...)
	/go/src/github.com/docker/docker/libcontainerd/client_daemon.go:386 +0x4d1
github.com/docker/docker/daemon.(*Daemon).ContainerExecStart(0xc4208201e0, 0x55606c1788e0, 0xc42003e038, 0xc4211c6251, 0x40, 0x7f906da7b138, 0xc421af8
2c0, 0x55606c1542a0, 0xc421af8440, 0x55606c1542a0, ...)
	/go/src/github.com/docker/docker/daemon/exec.go:251 +0xb4f
github.com/docker/docker/api/server/router/container.(*containerRouter).postContainerExecStart(0xc420b49480, 0x55606c178960, 0xc420e0be00, 0x55606c176
d60, 0xc421940d20, 0xc42268c800, 0xc420e0bd70, 0x0, 0x0)
	/go/src/github.com/docker/docker/api/server/router/container/exec.go:132 +0x4c9
```

图 13-7　线程远程调用 containerd

13.2.2　Containerd 调用栈分析

与 docker daemon 类似，我们可以通过 kill -SIGUSR1 <pid> 命令来输出 containerd 的调用栈。不同的是，这次调用栈会直接输出到 messages 日志。

containerd 作为一个 gRPC 的服务器，会在接到 docker daemon 的远程调用之后，新建一个线程去处理这次请求。关于 gRPC 的细节，我们这里其实不用太关注。在这次请求的客户端调用栈上，可以看到这次调用的核心函数在创建一个进程。我们在 containerd 的调用栈里搜索 Start、Process 以及 process.go 等字段，很容易发现图 13-8 中的这个线程。

这个线程的核心任务，就是依靠 runC 去创建容器进程。而在容器启动之后，runC 进程会退出。所以下一步我们自然而然会想到，runC 是不是顺利完成了自己的任务。查看进程列表我们会发现，系统中有个别 runC 进程还在执行，这不是预期的行为。容器的启动和进程的启动，耗时应该是差不多的，系统里有正在运行的 runC 进程，则说明 runC 不能正常启动容器。

```
goroutine 9270 [select, 166 minutes]:
github.com/containerd/containerd/vendor/github.com/containerd/ttrpc.(*Client).dispatch(0xc4208aacc0, 0x562eac1ef660, 0xc4207ae1e0, 0xc420586580, 0xc420386300, 0x0, 0x0)
/go/src/github.com/containerd/containerd/vendor/github.com/containerd/ttrpc/client.go:120 +0x308
github.com/containerd/containerd/vendor/github.com/containerd/ttrpc.(*Client).Call(0xc4208aacc0, 0x562eac1ef660, 0xc4207ae1e0, 0x562eab98e759, 0x25, 0x562eab960318, 0x5, 0x562eac0e9740, 0xc4208328c0, 0x562eac0f1620, ...)
/go/src/github.com/containerd/containerd/vendor/github.com/containerd/ttrpc/client.go:89 +0x15d
github.com/containerd/containerd/runtime/v1/shim/v1.(*shimClient).State(0xc420278428, 0x562eac1ef660, 0xc4207ae1e0, 0xc4208328c0, 0x18, 0xc4203862c0, 0x0)
/go/src/github.com/containerd/containerd/runtime/v1/shim/v1/shim.pb.go:1729 +0xbf
github.com/containerd/containerd/runtime/v1/linux.(*Process).State(0xc4203862c0, 0x562eac1ef660, 0xc4207ae1e0, 0x0, 0x0, 0x0, 0x0, 0x0, 0x0, 0x0, ...)
/go/src/github.com/containerd/containerd/runtime/v1/linux/process.go:61 +0xc7
github.com/containerd/containerd/runtime/v1/linux.(*Task).Process(0xc4207b8420, 0x562eac1ef660, 0xc4207ae1e0, 0xc420578640, 0x40, 0x562eac1fdb60, 0xc4207b8420, 0x0, 0x0)
/go/src/github.com/containerd/containerd/runtime/v1/linux/task.go:309 +0xa6
github.com/containerd/containerd/services/tasks.(*local).Start(0xc4201ea500, 0x562eac1ef660, 0xc4207ae1e0, 0xc4202b7d20, 0x0, 0x0, 0x0, 0x562eac1fdd40, 0xc4209e8950, 0x3)
/go/src/github.com/containerd/containerd/services/tasks/local.go:205 +0x2db
github.com/containerd/containerd/services/tasks.(*service).Start(0xc420354290, 0x562eac1ef660, 0xc4207ae1e0, 0xc4202b7d20, 0xc420354290, 0x562eab9939c, 0x5)
/go/src/github.com/containerd/containerd/services/tasks/service.go:73 +0x6b
github.com/containerd/containerd/api/services/tasks/v1._Tasks_Start_Handler.func1(0x562eac1ef660, 0xc4207ae1e0, 0x562eac0eed00, 0xc4202b7d20, 0xc420879c70, 0x562eac015220, 0x562eac9c6b48, 0xc4209e89f8)
/go/src/github.com/containerd/containerd/api/services/tasks/v1/tasks.pb.go:624 +0x8b
github.com/containerd/containerd/vendor/github.com/grpc-ecosystem/go-grpc-prometheus.UnaryServerInterceptor(0x562eac1ef660, 0xc4207ae1e0, 0x562eac0eed00, 0xc4202b7d20, 0xc4202b7da0, 0xc4202b7e20, 0x562eac015220, 0x562eac9c6b48, 0x562eac183e20, 0xc42043ca50)
/go/src/github.com/containerd/containerd/vendor/github.com/grpc-ecosystem/go-grpc-prometheus/server.go:29 +0xa6
github.com/containerd/containerd/api/services/tasks/v1._Tasks_Start_Handler(0x562eac1774a0, 0xc420354290, 0x562eac1ef660, 0xc4207ae1e0, 0xc4201ce5b0, 0x562eac1cb1a8, 0x0, 0x0, 0x562eaab2cf95, 0xc4201cd860)
/go/src/github.com/containerd/containerd/api/services/tasks/v1/tasks.pb.go:626 +0x169
github.com/containerd/containerd/vendor/google.golang.org/grpc.(*Server).processUnaryRPC(0xc4200b6000, 0x562eac1f98e0, 0xc420328400, 0xc42043ca50, 0xc4200bca80, 0x562eac944fd8, 0x0, 0x0, 0x0)
/go/src/github.com/containerd/containerd/vendor/google.golang.org/grpc/server.go:1011 +0x4fe
github.com/containerd/containerd/vendor/google.golang.org/grpc.(*Server).handleStream(0xc4200b6000, 0x562eac1f98e0, 0xc420328400, 0xc42043ca50, 0x0)
/go/src/github.com/containerd/containerd/vendor/google.golang.org/grpc/server.go:1249 +0x131a
github.com/containerd/containerd/vendor/google.golang.org/grpc.(*Server).serveStreams.func1.1(0xc4200fe8c0, 0xc4200b6000, 0x562eac1f98e0, 0xc420328400, 0xc42043ca50)
/go/src/github.com/containerd/containerd/vendor/google.golang.org/grpc/server.go:680 +0xa1
created by github.com/containerd/containerd/vendor/google.golang.org/grpc.(*Server).serveStreams.func1
/go/src/github.com/containerd/containerd/vendor/google.golang.org/grpc/server.go:678 +0xa3
```

图 13-8　线程启动容器进程

13.3　什么是 D-Bus

13.3.1　runC 请求 D-Bus

容器运行时的 runC 命令，是 libcontainer 的一个简单的封装。这个工具可以用来管理单个容器，比如创建容器和删除容器。在上一节的最后，我们却发现 runC 不能完成创建容器的任务。我们可以把对应的进程“杀”掉，然后在命令行用同样的命令启动容器，同时用 strace 追踪整个过程，如图 13-9 所示。

```
socket(AF_LOCAL, SOCK_STREAM|SOCK_CLOEXEC|SOCK_NONBLOCK, 0) = 5
setsockopt(5, SOL_SOCKET, SO_BROADCAST, [1], 4) = 0
connect(5, {sa_family=AF_LOCAL, sun_path="/var/run/dbus/system_bus_socket"}, 34) = 0
epoll_ctl(4, EPOLL_CTL_ADD, 5, {EPOLLIN|EPOLLOUT|EPOLLRDHUP|EPOLLET, {u32=94518944, u64=140630208691872}}) = 0
getsockname(5, {sa_family=AF_LOCAL, NULL}, [2]) = 0
getpeername(5, {sa_family=AF_LOCAL, sun_path="/run/dbus/system_bus_socket"}, [30]) = 0
getuid()                                = 0
getpid()                                = 25793
geteuid()                               = 0
getgid()                                = 0
getsockopt(5, SOL_SOCKET, SO_TYPE, [1], [4]) = 0
sendmsg(5, {msg_name(0)=NULL, msg_iov(1)=[{"\0", 1}], msg_controllen=32, [{cmsg_len=28, cmsg_level=SOL_SOCKET, cmsg_type=SCM_CREDENTIALS, {pid=25793, uid=0, gid=0}}], msg_flags=0}, 0) = 1
write(5, "AUTH\r\n", 6)                 = 6
read(5, "REJECTED EXTERNAL DBUS_COOKIE_SH"..., 4096) = 46
write(5, "AUTH EXTERNAL 30\r\n", 18)    = 18
read(5, "OK 720b293370de55e8587dda875cbb4"..., 4096) = 37
write(5, "NEGOTIATE_UNIX_FD\r\n", 19)   = 19
read(5, "AGREE_UNIX_FD\r\n", 4096)      = 15
write(5, "BEGIN\r\n", 7)                = 7
futex(0xc420034948, FUTEX_WAKE, 1)      = 1
write(5, "l\1\0\1\0\0\0\0\1\0\0\0m\0\0\0\2\1s\0\24\0\0\0org.free"..., 128) = 128
futex(0x5635a2de5a48, FUTEX_WAIT, 0, NULL) = 0
futex(0x5635a2de5a48, FUTEX_WAIT, 0, NULL) = 0
epoll_pwait(4, [], 128, 0, NULL, 0)     = 0
```

图 13-9　使用追踪机制分析 runC

分析发现，runC 停在了向带有 org.free 字段的 dbus socket 写数据的地方。

那什么是 D-Bus 呢？在 Linux 中，D-Bus 是一种进程间进行通信的机制。

13.3.2　原因并不在 D-Bus

在 Linux 中，D-Bus 是进程间互相通信的总线机制，如图 13-10 所示。

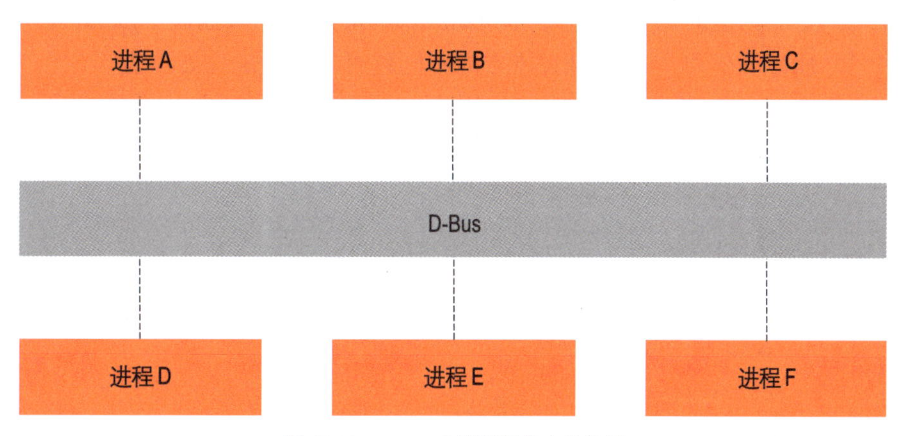

图 13-10　D-Bus 在进程通信中的作用

我们可以使用 busctl 命令列出系统现有的所有 bus。如图 13-11 所示，在问题发生的时候，我们看到问题节点 bus name 编号非常大。所以我们倾向于认为，是 dbus 某些相关的数据结构（比如 name）的耗尽引起了这个问题。

```
NAME                                 PID PROCESS         USER     CONNECTION    UNIT                     SESSION
:1.0                                   1 systemd         root     :1.0          -                        -
:1.1                                 489 systemd-logind  root     :1.1          systemd-logind.service   -
:1.2                                 484 polkitd         polkitd  :1.2          polkit.service           -
:1.32                               1098 tuned           root     :1.32         tuned.service            -
:1.45490257                        20214 docker-runc     root     :1.45490257   docker.service           -
:1.45490258                        20214 docker-runc     root     :1.45490258   docker.service           -
:1.45490259                        20257 docker-runc     root     :1.45490259   docker.service           -
:1.45490260                        20257 docker-runc     root     :1.45490260   docker.service           -
:1.45490261                        20319 docker-runc     root     :1.45490261   docker.service           -
:1.45490262                        20319 docker-runc     root     :1.45490262   docker.service           -
:1.45490263                        20429 docker-runc     root     :1.45490263   docker.service           -
:1.45490264                        20429 docker-runc     root     :1.45490264   docker.service           -
:1.45490265                        20612 busctl          root     :1.45490265   session-45320.scope      45320
com.redhat.tuned                    1098 tuned           root     :1.32         tuned.service            -
fi.epitest.hostap.WPASupplicant        - -               -        (activatable) -                        -
fi.w1.wpa_supplicant1                  - -               -        (activatable) -                        -
org.freedesktop.DBus                   - -               -        -             -                        -
org.freedesktop.NetworkManager         - -               -        (activatable) -                        -
org.freedesktop.PolicyKit1           484 polkitd         polkitd  :1.2          polkit.service           -
org.freedesktop.hostname1              - -               -        (activatable) -                        -
org.freedesktop.import1                - -               -        (activatable) -                        -
org.freedesktop.locale1                - -               -        (activatable) -                        -
org.freedesktop.login1               489 systemd-logind  root     :1.1          systemd-logind.service   -
org.freedesktop.machine1               - -               -        (activatable) -                        -
org.freedesktop.nm_dispatcher          - -               -        (activatable) -                        -
org.freedesktop.systemd1               1 systemd         root     :1.0          -                        -
org.freedesktop.timedate1              - -               -        (activatable) -                        -
```

图 13-11　D-Bus 通信连接

D-Bus 机制的实现，依赖于一个叫作 dbus daemon 的组件。如果真的是

dbus 相关数据结构耗尽，那么重启这个 daemon 应该可以解决这个问题。但不幸的是，问题并没有这么简单。重启 dbus daemon 之后，问题依然存在。

在上面 strace 追踪 runC 的截图中，runC 停在向带有 org.free 字段的 bus 写数据的地方。在 busctl 输出的 bus 列表里，显然带有这个字段的 bus，都在被 Systemd 使用。这时，我们用 Systemctl daemon-reexec 来重启 Systemd，问题消失了。所以我们可以判断出大体方向：问题可能和 Systemd 有关。

13.4 Systemd 是硬骨头

Systemd 是相当复杂的一个组件，尤其是对没有做过相关开发工作的人来说。排查 Systemd 的问题我们用到了四个方法：使用（调试级别）日志、core dump、代码分析，以及 live debugging。其中第一个、第三个和第四个结合起来使用，让我们在经过几天的“鏖战”之后，找到了问题的原因。但是这里我们先从“没用”的 core dump 说起。

13.4.1 “没用”的 core dump

因为重启 Systemd 解决了问题，而这个问题本身，是 runC 在使用 dbus 和 Systemd 通信的时候没有了响应，所以我们需要验证的第一件事情，就是 Systemd 是不是有关键线程被锁住了。core dump 里所有的线程，只有图 13-12 中的线程，此线程并没有被锁住，它在等待 dbus 事件，以便做出响应。

```
(gdb) thread apply all bt

Thread 1 (Thread 0x7f4b1d168940 (LWP 1)):
#0  0x00007f4b1b992463 in __epoll_wait_nocancel () from /lib64/libc.so.6
#1  0x000055a2317ffa69 in sd_event_wait (e=e@entry=0x55a2333e54f0, timeout=timeout@entry=18446744073709551615)
    at src/libsystemd/sd-event/sd-event.c:2372
#2  0x000055a23180057d in sd_event_run (e=0x55a2333e54f0, timeout=18446744073709551615) at src/libsystemd/sd-event/sd-event.c:2499
#3  0x000055a2317610c3 in manager_loop (m=0x55a2333e5050) at src/core/manager.c:2252
#4  0x000055a2317555fb in main (argc=5, argv=0x7ffdd8e7f828) at src/core/main.c:1773
```

图 13-12　Systemd 主线程调用栈

13.4.2 零散的信息

因为无计可施，所以只能做各种测试、尝试。使用 busctl tree 命令，可以输出所有 bus 上对外暴露的接口。从输出结果看来，org.freedesktop.systemd1 这个 bus 是不能响应接口查询请求的，如图 13-13 所示。

```
[root@iz2ze57isplalillyvapgkz log]# busctl tree
Service org.freedesktop.DBus:
Only root object discovered.

Service org.freedesktop.login1:
└─/org/freedesktop/login1
  ├─/org/freedesktop/login1/seat
  │ └─/org/freedesktop/login1/seat/seat0
  ├─/org/freedesktop/login1/session
  │ └─/org/freedesktop/login1/session/_39273
  └─/org/freedesktop/login1/user
    └─/org/freedesktop/login1/user/_0

Service org.freedesktop.systemd1:
Failed to introspect object / of service org.freedesktop.systemd1: Connection timed out
No objects discovered.

Service org.freedesktop.PolicyKit1:
└─/org
  └─/org/freedesktop
    └─/org/freedesktop/PolicyKit1
      └─/org/freedesktop/PolicyKit1/Authority

Service com.redhat.tuned:
└─/Tuned
```

图 13-13　D-Bus 总线报错

使用下面的命令观察 org.freedesktop.systemd1 上接收到的所有请求，可以看到，在正常系统里，有大量 unit 创建、删除的消息，但是在有问题的系统里，这个 bus 上完全没有任何消息，如图 13-14 所示。

```
gdbus monitor --system --dest org.freedesktop.systemd1
--object-path /org/freedesktop/systemd1
```

```
[root@iZuf622u6us55fh7uo5nyeZ ~]# gdbus monitor --system --dest org.freedesktop.systemd1 --object-path /org/freedesktop/systemd1
Monitoring signals on object /org/freedesktop/systemd1 owned by org.freedesktop.systemd1
The name org.freedesktop.systemd1 is owned by :1.840591

/org/freedesktop/systemd1: org.freedesktop.systemd1.Manager.UnitNew ('libcontainer-19247-systemd-test-default-dependencies.scope', objectpath '/org/freedesktop/systemd1/unit/libcontainer_2d19247_2dsystemd_2dtest_2ddefault_2ddependencies_2escope')
/org/freedesktop/systemd1: org.freedesktop.systemd1.Manager.UnitRemoved ('libcontainer-19247-systemd-test-default-dependencies.scope', objectpath '/org/freedesktop/systemd1/unit/libcontainer_2d19247_2dsystemd_2dtest_2ddefault_2ddependencies_2escope')
/org/freedesktop/systemd1: org.freedesktop.systemd1.Manager.UnitNew ('libcontainer-19247-systemd-test-default-dependencies.scope', objectpath '/org/freedesktop/systemd1/unit/libcontainer_2d19247_2dsystemd_2dtest_2ddefault_2ddependencies_2escope')
/org/freedesktop/systemd1: org.freedesktop.systemd1.Manager.UnitRemoved ('libcontainer-19247-systemd-test-default-dependencies.scope', objectpath '/org/freedesktop/systemd1/unit/libcontainer_2d19247_2dsystemd_2dtest_2ddefault_2ddependencies_2escope')
/org/freedesktop/systemd1: org.freedesktop.systemd1.Manager.UnitNew ('libcontainer-19247-systemd-test-default-dependencies.scope', objectpath '/org/freedesktop/systemd1/unit/libcontainer_2d19247_2dsystemd_2dtest_2ddefault_2ddependencies_2escope')
/org/freedesktop/systemd1: org.freedesktop.systemd1.Manager.UnitRemoved ('libcontainer-19247-systemd-test-default-dependencies.scope', objectpath '/org/freedesktop/systemd1/unit/libcontainer_2d19247_2dsystemd_2dtest_2ddefault_2ddependencies_2escope')
/org/freedesktop/systemd1: org.freedesktop.systemd1.Manager.UnitNew ('libcontainer-19247-systemd-test-default-dependencies.scope', objectpath '/org/freedesktop/systemd1/unit/libcontainer_2d19247_2dsystemd_2dtest_2ddefault_2ddependencies_2escope')
/org/freedesktop/systemd1: org.freedesktop.systemd1.Manager.UnitRemoved ('libcontainer-19247-systemd-test-default-dependencies.scope', objectpath '/org/freedesktop/systemd1/unit/libcontainer_2d19247_2dsystemd_2dtest_2ddefault_2ddependencies_2escope')
/org/freedesktop/systemd1: org.freedesktop.systemd1.Manager.UnitNew ('libcontainer_19247_systemd_test_default.slice', objectpath '/org/freedesktop/systemd1/unit/libcontainer_5f19247_5fsystemd_5ftest_5fdefault_2eslice')
```

图 13-14　D-Bus 监控数据

分析问题发生前后的系统日志，runC 在重复地运行一个测试（test），如图 13-15 所示，这个测试非常频繁，但是当问题发生的时候，这个测试就停止了。所以直觉告诉我们，这个问题可能和这个测试有很大的关系。

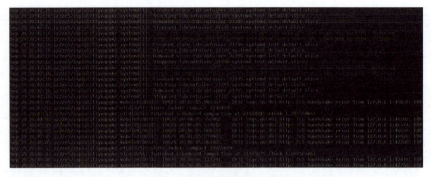

图 13-15　Systemd 可疑信息输出

另外，我们使用 systemd-analyze 命令打开了 Systemd 的调试级别日志，发现 Systemd 有 Operation not supported 的报错，如图 13-16 所示。

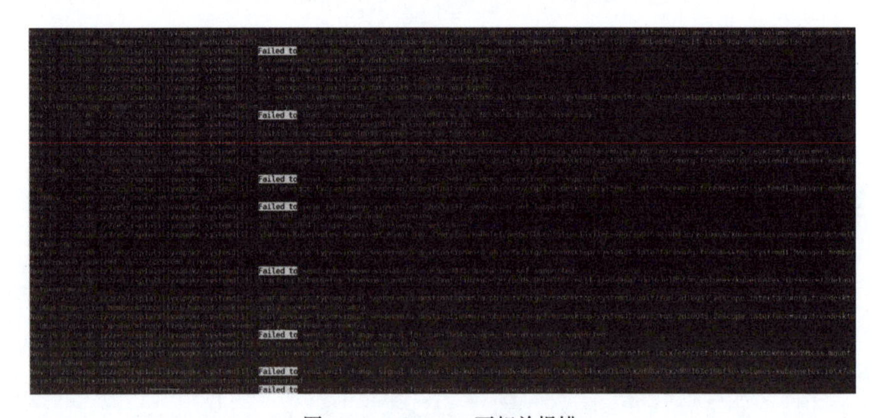

图 13-16　Systemd 不相关报错

根据以上零散的信息，可以得出一个大概的结论：org.freedesktop.systemd1 这个 bus 在经过大量 unit 创建、删除之后，没有了响应。而这些频繁的 unit 创建、删除测试，是 runC 某一个改动引入的。这个改动使得 UseSystemd 函数通过创建 unit 来测试 Systemd 的功能。UseSystemd 在很多地方被调用，比如创建容器、查看容器性能等操作。

13.4.3　代码分析

这个问题在线上所有 Kubernetes 集群中，发生的频率大概是一个月两例。问题一直在发生，且只能在问题发生之后通过重启 Systemd 来处理，风险极大。

我们分别向 Systemd 和 runC 社区提交了 bug，但是一个很现实的问题是，他们并没有像阿里云这样的线上环境，重现这个问题的概率几乎是零，所以这个问题没有办法指望社区来解决。硬骨头还得我们自己啃。

在上一节最后我们看到了，问题出现的时候，Systemd 会输出一些 Operation not supported 报错。这个报错看起来和问题本身风马牛不相及，但是直觉告诉我们，这或许是离问题最近的一个地方，所以我们决定，先搞清楚这个报错因何而来。

Systemd 的代码量比较大，而报这个错误的地方非常多。通过大量的代码分析，我们发现有几处比较可疑的地方，发现了这些可疑的地方，接下来需要做的事情就是等待。在等了三周以后，终于有线上集群再次出现了这个问题。

13.4.4 Live Debugging

在征求用户同意之后，我们下载 Systemd 调试符号，将 gdb 挂载到 Systemd 上，在可疑的函数下断点，然后继续执行。经过多次验证，发现 Systemd 最终“踩”到了 sd_bus_message_seal 这个函数里的 EOPNOTSUPP 报错，如图 13-17 所示。

这个报错背后的道理是，systemd 使用了一个变量 cookie，来追踪自己处理的 dbus message。每次在加封一个新的 message 的时候，systemd 会先给 cookie 的值加 1，然后再把这个值复制给这个新的 message。

我们使用 gdb 打印出 dbus -> cookie 这个值，可以很清楚地看到，这个值超过了 0xffffffff。看来问题是 Systemd 在加封过大量 message 之后，cookie 这个值溢出了，导致新的消息不能被加封，从而使得 Systemd 对 runC 没有了响应，如图 13-18 所示。

```
_public_ int sd_bus_message_seal(sd_bus_message *m, uint64_t cookie, uint64_t timeout_usec) {
        struct bus_body_part *part;
        size_t a;
        unsigned i;
        int r;

        assert_return(m, -EINVAL);

        if (m->sealed)
                return -EPERM;

        if (m->n_containers > 0)
                return -EBADMSG;

        if (m->poisoned)
                return -ESTALE;

        if (cookie > 0xffffffffULL &&
            !BUS_MESSAGE_IS_GVARIANT(m))
                return -EOPNOTSUPP;
```

图 13-17 Systemd 消息处理函数

```
#0  sd_bus_send (bus=bus@entry=0x56312a884a30, m=0x56312a8d0460, cookie=cookie@entry=0x0) at src/libsystemd/sd-bus/sd-bus.c:1755
#1  0x0000563129078ef2 in send_new_signal (bus=0x56312a884a30, userdata=0x56312a7e4a30) at src/core/dbus-unit.c:735
#2  0x0000563129072603 in bus_foreach_bus (m=0x56312a7c8050, subscribed2=subscribed2@entry=0x0, send_message=0x563129078e60 <send_new_signal>,
    userdata=userdata@entry=0x56312a7e4a30) at src/core/dbus.c:1112
#3  0x0000563129079d20 in bus_unit_send_change_signal (u=0x56312a7e4a30) at src/core/dbus-unit.c:779
#4  0x0000563129079e75 in bus_unit_send_removed_signal (u=u@entry=0x56312a7e4a30) at src/core/dbus-unit.c:820
#5  0x00005631290ee049 in unit_free (u=0x56312a7e4a30) at src/core/unit.c:481
#6  0x00005631290406de in manager_dispatch_cleanup_queue (m=0x56312a7c8050) at src/core/manager.c:829
#7  0x0000563129045f39 in manager_loop (m=0x56312a7c8050) at src/core/manager.c:2235
#8  0x000056312903a5fb in main (argc=5, argv=0x7ffdbec39e08) at src/core/main.c:1773
(gdb) p /x bus->cookie
$13 = 0x100000006
```

图 13-18 cookie 溢出

另外，在一个正常的系统中，使用 gdb 把 bus -> cookie 这个值改到接近 0xffffffff，然后就能观察到，问题在 cookie 溢出的时候立刻出现，这就证明了我们的结论。

13.4.5 怎么判断集群节点 NotReady 是这个问题导致的

首先我们需要在有问题的节点上安装 gdb 和 Systemd debuginfo，然后用命令 gdb /usr/lib/systemd/systemd 1 把 gdb attach 到 Systemd，在函数 sd_bus_send 上设置断点，然后继续执行。等 Systemd "踩" 到断点之后，用 p /x bus -> cookie 查看对应的 cookie 值，如果此值超过了 0xffffffff，那么 cookie 就溢出了，则必然导致节点 NotReady 的问题。确认完之后，可以使用 quit 来 detach 调试器。

13.5　问题的解决

这个问题的解决并没有那么直截了当。原因之一，是 Systemd 使用了同一个 cookie 变量来兼容 dbus1 和 dbus2。对于 dbus1 来说，cookie 是 32 位的，这个值在经过 Systemd 在三五个月中频繁创建和删除 unit 之后，是肯定会溢出的；而 dbus2 的 cookie 是 64 位的，可能到了"时间的尽头"它也不会溢出。

另外一个原因是，我们并不能简单地让 cookie 折返来解决溢出问题。因为这有可能导致 Systemd 使用同一个 cookie 来加封不同的消息，这样的结果将是灾难性的。

最终的修复方法是，同样使用 32 位 cookie 来处理 dbus1 和 dbus2 两种情形。在 cookie 达到 0xfffffff 之后，下一个 cookie 则变成 0x80000000，即用最高位来标记 cookie 已经处于溢出状态。检查到 cookie 处于这种状态时，我们需要检查是否下一个 cookie 正在被其他 message 使用，以避免 cookie 冲突。

13.6　总结

这个问题从根本上说是 Systemd 导致的，但是 runC 的函数 UseSystemd 使用不那么"美丽"的方法，去测试 Systemd 的功能，而这个函数在整个容器生命周期管理过程中被频繁调用，让这个小概率问题的发生成了可能。Systemd 的修复已经被红帽接受，预期在不久的将来，我们可以通过升级 Systemd 从根本上解决这个问题。

第 14 章 节点就绪状态异常（二）

上一章介绍了一个集群节点就绪状态异常的问题。在那个问题中，我们的排查路径是从 Kubernetes 集群到容器运行时，到系统组件，再到 D-Bus 和 Systemd，不可谓不复杂。

在本章中，我们和大家分享另外一个集群节点就绪状态的问题，以及问题的解决过程。这个问题和前一章的问题相比，排查方案完全不同，所以作为姐妹篇分享给大家。

14.1 问题介绍

这个问题的现象，也是集群节点会变成 NotReady 状态。问题可以通过重启节点暂时解决，但是在经过 20 天左右之后，问题会再次出现。问题出现之后，如果我们重启节点上的 Kubelet，则节点会变成 Ready 状态，但这种状态只会持续三分钟。这是一个特别的情况，如图 14-1 所示。

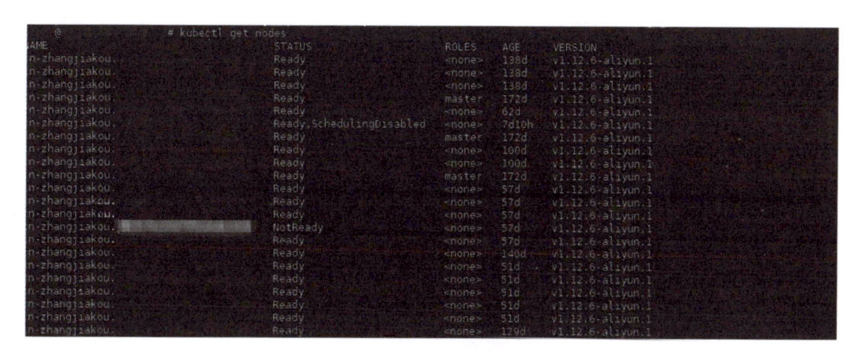

图 14-1　节点状态异常

14.2　节点状态机

在具体分析这个问题之前，我们先来看一下集群节点就绪状态背后的大逻辑。在 Kubernetes 集群中，与节点就绪状态有关的组件主要有四个，分别是集群的核心数据库 Etcd、集群的入口 API Server、节点控制器（Node Controller），以及驻守在集群节点上，直接管理节点的 Kubelet，如图 14-2 所示。

一方面，Kubelet 扮演的是集群控制器的角色，它定期从 API Server 那里获取 Pod 等相关资源的信息，并依照这些信息，控制运行在节点上的 Pod 的执行；另外一方面，Kubelet 作为节点状况的监视器，获取节点信息，并以集群客户端的角色，把这些状况同步到 API Server 中。

在这个问题中，Kubelet 扮演的是第二种角色。Kubelet 会使用上图中的 NodeStatus 机制，定期检查集群节点状况，并把节点状况同步到 API Server 中。而 NodeStatus 判断节点就绪状况的一个主要依据就是 PLEG。

PLEG 是 Pod Lifecycle Events Generator 的缩写，它的执行逻辑，基本上是定期检查节点上 Pod 的运行情况，如果发现感兴趣的变化，PLEG 就会把这种变化包装成 Event，发送给 Kubelet 的主同步机制 syncLoop 处理。

但是，在 PLEG 的 Pod 检查机制不能定期执行的时候，NodeStatus 机制就会认为，这个节点的状况是不对的，从而把这种状况同步到 API Server 中。

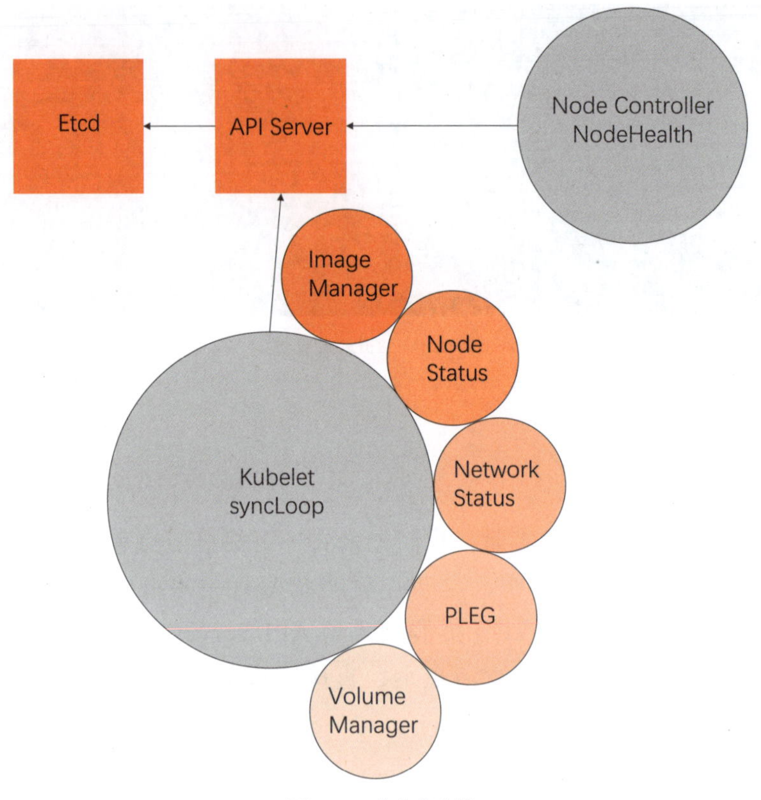

图 14-2　节点状态机

而最终把 Kubelet 上报的节点状况落实到节点状态的是节点控制这个组件。这里我们故意区分了 Kubelet 上报的节点状况和节点的最终状态，因为前者其实是我们 describe node 时看到的 Condition，而后者是真正的节点列表里的 NotReady 状态，如图 14-3 所示。

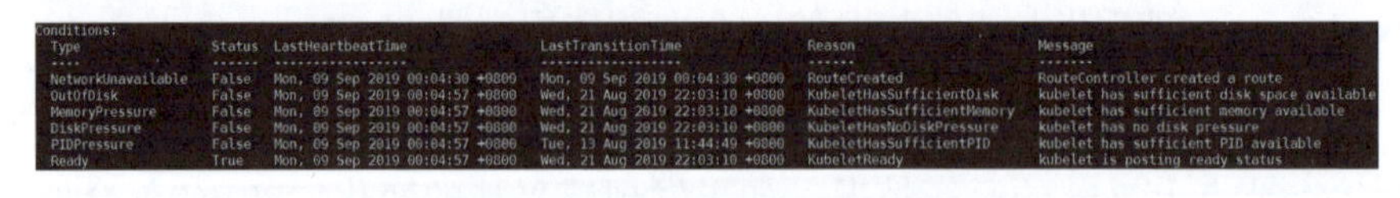

```
Conditions:
  Type                 Status  LastHeartbeatTime                 LastTransitionTime                Reason                       Message
  ----                 ------  -----------------                 ------------------                ------                       -------
  NetworkUnavailable   False   Mon, 09 Sep 2019 00:04:30 +0800   Mon, 09 Sep 2019 00:04:30 +0800   RouteCreated                 RouteController created a route
  OutOfDisk            False   Mon, 09 Sep 2019 00:04:57 +0800   Wed, 21 Aug 2019 22:03:10 +0800   KubeletHasSufficientDisk     kubelet has sufficient disk space available
  MemoryPressure       False   Mon, 09 Sep 2019 00:04:57 +0800   Wed, 21 Aug 2019 22:03:10 +0800   KubeletHasSufficientMemory   kubelet has sufficient memory available
  DiskPressure         False   Mon, 09 Sep 2019 00:04:57 +0800   Wed, 21 Aug 2019 22:03:10 +0800   KubeletHasNoDiskPressure     kubelet has no disk pressure
  PIDPressure          False   Mon, 09 Sep 2019 00:04:57 +0800   Tue, 13 Aug 2019 11:44:49 +0800   KubeletHasSufficientPID      kubelet has sufficient PID available
  Ready                True    Mon, 09 Sep 2019 00:04:57 +0800   Wed, 21 Aug 2019 22:03:10 +0800   KubeletReady                 kubelet is posting ready status
```

图 14-3　节点状态事件的上报

14.3　就绪三分钟

在问题发生之后，我们重启 Kubelet，节点三分钟之后才会变成 NotReady

状态。这个现象是分析问题的一个关键切入点。在解释它之前，请大家看一下官方 PLEG 实现架构图，第 13 章的图 13-4。

这幅图片主要展示了两个过程。一方面，Kubelet 作为集群控制器，从 API Server 处获取 Pod 定义的变化，然后通过创建 Worker 线程来创建或结束 Pod；另一方面，PLEG 定期检查容器状态，然后把状态以事件的形式反馈给 Kubelet。在这里，PLEG 有两个关键的时间参数，一个是检查的执行间隔，另一个是检查的超时。

在默认情况下，PLEG 的检查间隔是 1 秒钟，换句话说，每一次检查过程执行之后，PLEG 会等待 1 秒钟，然后进行下一次检查；而每一次检查的超时是 3 分钟，如果一次 PLEG 检查操作不能在 3 分钟内完成，那么这个状况会被上一节提到的 NodeStatus 机制当作集群节点 NotReady 的凭据，同步给 API Server。

而我们之所以观察到节点会在重启 Kubelet 之后处于就绪状态 3 分钟，是因为 Kubelet 重启之后第一次 PLEG 检查操作就没有顺利结束，节点就绪直到 3 分钟超时之后才被同步到集群中。如图 14-4 所示，上面一行表示正常情况下 PLEG 的执行流程，下面一行则表示有问题的情况。relist 是检查的主函数。

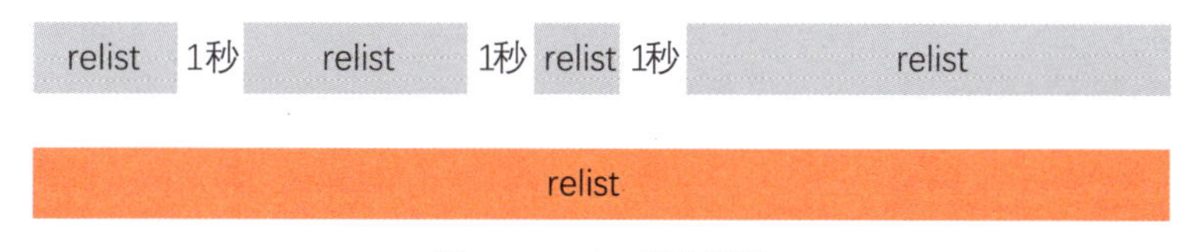

图 14-4　relist 操作流程

14.4　止步不前的 PLEG

了解了原理之后，我们来看一下 PLEG 的日志。日志基本上可以分为两部分，其中 skipping pod synchronization 这部分是 Kubelet 同步函数 syncLoop 输出的，说明它跳过了一次 Pod 同步；而剩余的 PLEG is not healthy: pleg was last seen active <time> ago; threshold is 3m0s，则很清楚地展现了上一节提到的 relist 超时 3 分钟的问题。

```
17:08:22.299597 kubelet skipping pod synchronization - [PLEG
is not healthy: pleg was last seen active 3m0.000091019s ago;
threshold is 3m0s]
17:08:22.399758 kubelet skipping pod synchronization - [PLEG
is not healthy: pleg was last seen active 3m0.100259802s ago;
threshold is 3m0s]
17:08:22.599931 kubelet skipping pod synchronization - [PLEG
is not healthy: pleg was last seen active 3m0.300436887s ago;
threshold is 3m0s]
17:08:23.000087 kubelet skipping pod synchronization - [PLEG
is not healthy: pleg was last seen active 3m0.700575691s ago;
threshold is 3m0s]
17:08:23.800258 kubelet skipping pod synchronization - [PLEG
is not healthy: pleg was last seen active 3m1.500754856s ago;
threshold is 3m0s]
17:08:25.400439 kubelet skipping pod synchronization - [PLEG
is not healthy: pleg was last seen active 3m3.100936232s ago;
threshold is 3m0s]
17:08:28.600599 kubelet skipping pod synchronization - [PLEG
is not healthy: pleg was last seen active 3m6.301098811s ago;
threshold is 3m0s]
17:08:33.600812 kubelet skipping pod synchronization - [PLEG
is not healthy: pleg was last seen active 3m11.30128783s ago;
threshold is 3m0s]
17:08:38.600983 kubelet skipping pod synchronization - [PLEG
is not healthy: pleg was last seen active 3m16.301473637s ago;
threshold is 3m0s]
17:08:43.601157 kubelet skipping pod synchronization - [PLEG
is not healthy: pleg was last seen active 3m21.301651575s ago;
threshold is 3m0s]
17:08:48.601331 kubelet skipping pod synchronization - [PLEG
is not healthy: pleg was last seen active 3m26.301826001s ago;
threshold is 3m0s]
```

能直接看到 relist 函数执行情况的，是 Kubelet 的调用栈。我们只要向 Kubelet 进程发送 SIGABRT 信号，golang 运行时就会帮我们输出 Kubelet 进程的所有调用栈。需要注意的是，这个操作会“杀死”Kubelet 进程。但是因为在这个问题中重启 Kubelet 并不会破坏重现环境，所以影响不大。

以下调用栈是 PLEG relist 函数的调用栈。从下往上我们可以看到，relist 等在通过 grpc 获取 PodSandboxStatus。

```
kubelet: k8s.io/kubernetes/vendor/google.golang.org/grpc/
transport.(*Stream).Header()
kubelet: k8s.io/kubernetes/vendor/google.golang.org/grpc.
recvResponse()
kubelet: k8s.io/kubernetes/vendor/google.golang.org/grpc.
invoke()
kubelet: k8s.io/kubernetes/vendor/google.golang.org/grpc.
Invoke()
kubelet: k8s.io/kubernetes/pkg/kubelet/apis/cri/runtime/
v1alpha2.(*runtimeServiceClient).PodSandboxStatus()
kubelet: k8s.io/kubernetes/pkg/kubelet/remote.
(*RemoteRuntimeService).PodSandboxStatus()
kubelet: k8s.io/kubernetes/pkg/kubelet/kuberuntime.
instrumentedRuntimeService.PodSandboxStatus()
kubelet: k8s.io/kubernetes/pkg/kubelet/kuberuntime.
(*kubeGenericRuntimeManager).GetPodStatus()
kubelet: k8s.io/kubernetes/pkg/kubelet/pleg.(*GenericPLEG).
updateCache()
kubelet: k8s.io/kubernetes/pkg/kubelet/pleg.(*GenericPLEG).
relist()
kubelet: k8s.io/kubernetes/pkg/kubelet/pleg.(*GenericPLEG).
(k8s.io/kubernetes/pkg/kubelet/pleg.relist)-fm()
kubelet: k8s.io/kubernetes/vendor/k8s.io/apimachinery/pkg/
util/wait.JitterUntil.func1(0xc420309260)
kubelet: k8s.io/kubernetes/vendor/k8s.io/apimachinery/pkg/
```

```
util/wait.JitterUntil()
kubelet: k8s.io/kubernetes/vendor/k8s.io/apimachinery/pkg/
util/wait.Until()
```

使用 PodSandboxStatus 搜索 Kubelet 调用栈，很容易找到下面这个线程，此线程是真正查询 Sandbox 状态的线程，从下往上看，我们会发现这个线程在 Plugin Manager 里尝试去拿一个 Mutex。

```
kubelet: sync.runtime_SemacquireMutex()
kubelet: sync.(*Mutex).Lock()
kubelet: k8s.io/kubernetes/pkg/kubelet/dockershim/network.
(*PluginManager).GetPodNetworkStatus()
kubelet: k8s.io/kubernetes/pkg/kubelet/dockershim.
(*dockerService).getIPFromPlugin()
kubelet: k8s.io/kubernetes/pkg/kubelet/dockershim.
(*dockerService).getIP()
kubelet: k8s.io/kubernetes/pkg/kubelet/dockershim.
(*dockerService).PodSandboxStatus()
kubelet: k8s.io/kubernetes/pkg/kubelet/apis/cri/runtime/
v1alpha2._RuntimeService_PodSandboxStatus_Handler()
kubelet: k8s.io/kubernetes/vendor/google.golang.org/grpc.
(*Server).processUnaryRPC()
kubelet: k8s.io/kubernetes/vendor/google.golang.org/grpc.
(*Server).handleStream()
kubelet: k8s.io/kubernetes/vendor/google.golang.org/grpc.
(*Server).serveStreams.func1.1()
kubelet: created by k8s.io/kubernetes/vendor/google.golang.
org/grpc.(*Server).serveStreams.func1
```

而这个 Mutex 只有在 Plugin Manager 里边能用到，所以我们查看所有 Plugin Manager 的相关调用栈。线程中一部分在等 Mutex，而剩余的都是在等 Terway CNI Plugin。

```
kubelet: syscall.Syscall6()
kubelet: os.(*Process).blockUntilWaitable()
```

```
kubelet: os.(*Process).wait()
kubelet: os.(*Process).Wait()
kubelet: os/exec.(*Cmd).Wait()
kubelet: os/exec.(*Cmd).Run()
kubelet: k8s.io/kubernetes/vendor/github.com/
containernetworking/cni/pkg/invoke.(*RawExec).ExecPlugin()
kubelet: k8s.io/kubernetes/vendor/github.com/
containernetworking/cni/pkg/invoke.(*PluginExec).WithResult()
kubelet: k8s.io/kubernetes/vendor/github.com/
containernetworking/cni/pkg/invoke.ExecPluginWithResult()
kubelet: k8s.io/kubernetes/vendor/github.com/
containernetworking/cni/libcni.(*CNIConfig).AddNetworkList()
kubelet: k8s.io/kubernetes/pkg/kubelet/dockershim/network/cni.
(*cniNetworkPlugin).addToNetwork()
kubelet: k8s.io/kubernetes/pkg/kubelet/dockershim/network/cni.
(*cniNetworkPlugin).SetUpPod()
kubelet: k8s.io/kubernetes/pkg/kubelet/dockershim/network.
(*PluginManager).SetUpPod()
kubelet: k8s.io/kubernetes/pkg/kubelet/dockershim.
(*dockerService).RunPodSandbox()
kubelet: k8s.io/kubernetes/pkg/kubelet/apis/cri/runtime/
v1alpha2._RuntimeService_RunPodSandbox_Handler()
kubelet: k8s.io/kubernetes/vendor/google.golang.org/grpc.
(*Server).processUnaryRPC()
kubelet: k8s.io/kubernetes/vendor/google.golang.org/grpc.
(*Server).handleStream()
kubelet: k8s.io/kubernetes/vendor/google.golang.org/grpc.
(*Server).serveStreams.func1.1()
```

14.5　无响应的 Terwayd

在进一步解释这个问题之前，我们需要区分一下 Terway 和 Terwayd。从本质上来说，Terway 和 Terwayd 是客户端和服务器的关系，这跟 Flannel 和 Flanneld 之间的关系是一样的。Terway 按照 Kubelet 的定义，实现了 CNI 接口的插件，如图 14-5 所示。

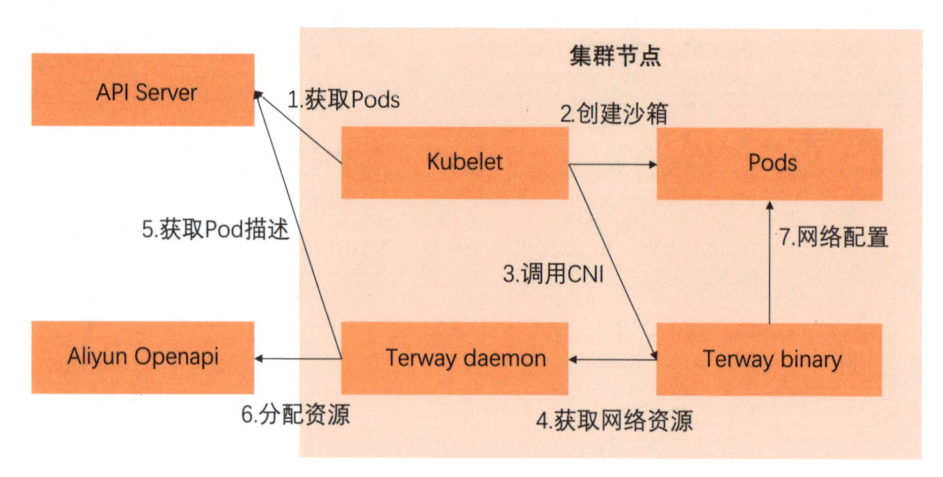

图 14-5 Terway 架构图

而在上一节最后我们看到的问题是，Kubelet 调用 CNI Terway 去配置 Pod 网络的时候，Terway 长时间无响应。正常情况下这个操作应该是秒级的，非常快速。而出问题的时候，Terway 没有正常完成任务，因而我们在集群节点上看到大量 Terway 进程堆积，如图 14-6 所示。

图 14-6 Terway 进程堆积状态

同样，我们可以发送 SIGABRT 给这些 Terway 插件进程，来打印出进程的调用栈。下面是其中一个 Terway 的调用栈。这个线程在执行 cmdDel 函数，其作用是删除一个 Pod 网络相关配置。

```
kubelet: net/rpc.(*Client).Call()
kubelet: main.rpcCall()
kubelet: main.cmdDel()
kubelet: github.com/AliyunContainerService/terway/vendor/
github.com/containernetworking/cni/pkg/skel.(*dispatcher).
checkVersionAndCall()
kubelet: github.com/AliyunContainerService/terway/vendor/
github.com/containernetworking/cni/pkg/skel.(*dispatcher).
pluginMain()
kubelet: github.com/AliyunContainerService/terway/
vendor/github.com/containernetworking/cni/pkg/skel.
PluginMainWithError()
kubelet: github.com/AliyunContainerService/terway/vendor/
github.com/containernetworking/cni/pkg/skel.PluginMain()
```

以上线程通过 rpc 调用 Terwayd 来真正移除 Pod 网络，所以我们需要进一步排查 Terwayd 的调用栈，以进一步定位此问题。

Terwayd 作为 Terway 的服务器端，接受 Terway 的远程调用，并替 Terway 完成其 cmdAdd 或者 cmdDel 来创建或者移除 Pod 网络配置。我们在上面的截图里可以看到，集群节点上有上千个 Terway 进程，它们都在等待 Terwayd，所以实际上 Terwayd 里也有上千个线程在处理 Terway 的请求。使用下面的命令，可以在不重启 Terwayd 的情况下输出调用栈。

```
curl  --unix-socket /var/run/eni/eni.socket 'http:/debug/pprof/
goroutine?debug=2
```

因为 Terwayd 的调用栈非常复杂，而且几乎所有的线程都在等锁，直接去分析锁的等待持有关系比较复杂。这个时候我们可以使用“时间大法”，即假设最早进入等待状态的线程，有很大概率是持有锁的线程。经过调用栈和代码分析，我们发现下面这个是等待时间最长（1595 分钟），并且拿了锁的线程，而这个锁会阻碍所有创建或移除 Pod 网络的线程。

```
goroutine 67570 [syscall, 1595 minutes, locked to thread]:
syscall.Syscall6()
github.com/AliyunContainerService/terway/vendor/golang.org/x/
```

```
sys/unix.recvfrom()
github.com/AliyunContainerService/terway/vendor/golang.org/x/
sys/unix.Recvfrom()
github.com/AliyunContainerService/terway/vendor/github.com/
vishvananda/netlink/nl.(*NetlinkSocket).Receive()
github.com/AliyunContainerService/terway/vendor/github.com/
vishvananda/netlink/nl.(*NetlinkRequest).Execute()
github.com/AliyunContainerService/terway/vendor/github.com/
vishvananda/netlink.(*Handle).LinkSetNsFd()
github.com/AliyunContainerService/terway/vendor/github.com/
vishvananda/netlink.LinkSetNsFd()
github.com/AliyunContainerService/terway/daemon.
SetupVethPair()
github.com/AliyunContainerService/terway/daemon.
setupContainerVeth.func1()
github.com/AliyunContainerService/terway/vendor/github.com/
containernetworking/plugins/pkg/ns.(*netNS).Do.func1()
github.com/AliyunContainerService/terway/vendor/github.com/
containernetworking/plugins/pkg/ns.(*netNS).Do.func2()
```

14.6 原因

深入分析前一个线程的调用栈，我们可以确定三件事情。第一，Terwayd 使用了 netlink 这个库来管理节点上的虚拟网卡、IP 地址及路由等资源，且 netlink 实现了类似于 iproute2 的功能；第二，netlink 使用 socket 直接和内核通信；第三，以上线程在 recvfrom 系统调用上等待。

在这样的情况下，我们需要去查看这个线程的内核调用栈，才能进一步确认这个线程等待的原因。因为从 goroutie 线程编号不太容易找到线程所对应的系统线程 ID，这里我们通过抓取系统的 core dump 来找出上面线程的内核调用栈。

在内核调用栈中搜索 recvfrom，定位到下面这个线程。从下面的调用栈上，我们只能确定此线程在 recvfrom 函数上等待。

```
PID: 19246  TASK: ffff880951f70fd0  CPU: 16  COMMAND: "terwayd"
 #0 [ffff880826267a40] __schedule at ffffffff816a8f65
 #1 [ffff880826267aa8] schedule at ffffffff816a94e9
 #2 [ffff880826267ab8] schedule_timeout at ffffffff816a6ff9
 #3 [ffff880826267b68] __skb_wait_for_more_packets at ffffffff81578f80
 #4 [ffff880826267bd0] __skb_recv_datagram at ffffffff8157935f
 #5 [ffff880826267c38] skb_recv_datagram at ffffffff81579403
 #6 [ffff880826267c58] netlink_recvmsg at ffffffff815bb312
 #7 [ffff880826267ce8] sock_recvmsg at ffffffff8156a88f
 #8 [ffff880826267e58] SYSC_recvfrom at ffffffff8156aa08
 #9 [ffff880826267f70] sys_recvfrom at ffffffff8156b2fe
 #10 [ffff880826267f80] tracesys at ffffffff816b5212 (via system_call)
```

对于这个问题，进一步深入排查是比较困难的，这显然是一个内核问题，或者与内核相关的问题。我们找遍了整个内核 core，检查了所有的线程调用栈，看不到其他可能与这个问题相关联的线程。

14.7　修复

这个问题的修复基于一个假设，就是 netlink 并不是 100% 可靠的。netlink 可能响应很慢，甚至完全没有响应。所以我们可以给 netlink 操作增加超时，从而保证就算某一次 netlink 调用不能完成，Terwayd 也不会被阻塞。

14.8　总结

在节点就绪状态这种场景下，Kubelet 实际上实现了节点的“心跳”机制。Kubelet 会定期把节点相关的各种状态同步到集群管控中，这些状态包括内存、PID、磁盘，当然也包括本章中关注的就绪状态等。Kubelet 在监控或者管理集群节点的过程中，使用了各种插件来直接操作节点资源，包括网络、磁盘，甚至容器运行时等插件，这些插件的状况，会直接影响 Kubelet 甚至节点的状态。

第 15 章 命名空间回收机制失效

阿里云技术服务团队每天都在处理各式各样千奇百怪的线上问题，常见的有网络连接失败、服务器“宕机”、性能不达标、请求响应慢等。

但如果要评选什么问题看起来微不足道事实上却足以让人绞尽脑汁，我相信答案中肯定有“删不掉”一类的问题，比如文件删不掉、进程结束不了、驱动卸载不了等。

这样的问题就像冰山，隐藏在它们背后的复杂逻辑，往往超过我们的预想。本章我们一起来看一个这样的案例。

15.1 问题背景介绍

我们讨论的这个问题，跟 Kubernetes 集群的命名空间有关。命名空间是 Kubernetes 集群资源的“收纳”机制，我们可以把相关的资源“收纳”到同一个命名空间里，以避免不相关资源之间不必要的影响。

命名空间本身也是一种资源。通过集群 API Server 入口，我们可以新建命名空间，如图 15-1 所示，而对于不再使用的命名空间，我们需要清理掉。命名空间的 Controller 会通过 API Server 监视集群中命名空间的变化，然后根据变化来执行预先定义的动作。

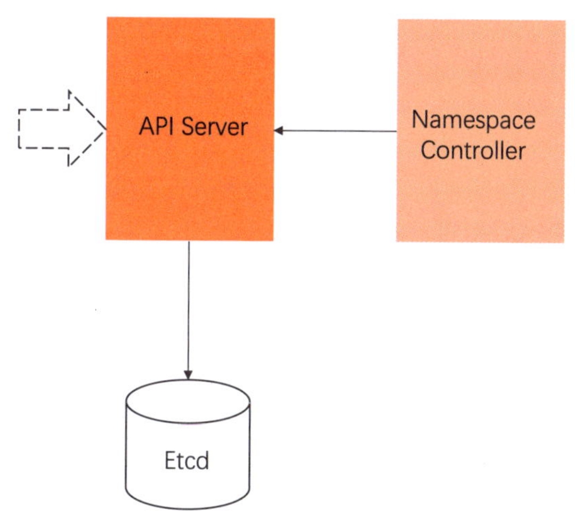

图 15-1　集群命名空间控制器

有时候我们会遇到下面的问题，即命名空间的状态被标记成了“Terminating”，却没有办法被完全删除。

```
[root@]# kubectl get ns
NAME                    STATUS            AGE
catalog           Active           18d
default           Active           21d
dev                     Terminating       18m
istio-system            Active            9d
kube-public             Active            21d
kube-system             Active            21d
space                   Terminating       21m
```

15.2　集群管控入口

因为删除操作是通过集群 API Server 来执行的，所以我们要分析 API Server 的行为。跟大多数集群组件类似，API Server 提供了不同级别的日志输出。为了理解 API Server 的行为，我们将日志级别调整到最高级。然后，通过创建、删除 tobedeletedb 这个命名空间来重现问题。

但可惜的是，API Server 并没有输出多少和这个问题有关的日志。

相关的日志可以分为两部分。一部分是命名空间被删除的记录，记录显示客户端工具是 kubectl，发起操作的源 IP 地址是 192.168.0.41，这符合预期；另外一部分是 Kube Controller Manager 在重复获取这个命名空间的信息。

- 命名空间被删除。

```
[I0622 00:25:58.559261   1 handler.go:153] kube-aggregator:
DELETE "/api/v1/namespaces/tobedeletedb" satisfied by
nonGoRestful
[I0622 00:25:58.559298  1 pathrecorder.go:247] kube-aggregator:
"/api/vl/namespaces /tobedeletedb" satisfied by prefix /api/
[I0622 00:25:58.559311  1 handler.go:143] kube-apiserver: DELETE
"/api/v1/namespaces/tobedeletedb. satisfied by gorestful with
webservice /api/v1
[I0622 00:25:58.565611  1 wrap.go:47] DELETE /api/v1/namespaces/
tobedeletedb: (6.5995/8ms) 200 [kubectl/v1.12.6 (linux/amd64)
kubernetes/8cb561c 192.168.0.41:43478]
[I0622 00:25:58.568970   1 wrap.go:47] GET /api/v1/namespace
s?fieldSelector=metadata.name%3Dtobedeletedb: (2.389303ms)
200 [kubectl/v1.12.6 (linux/amd64) kubernetes/8cb561c
192.168.0.41:43478]
[I0622 00:25:58.570094   1 get.go:245] Starting watch for /
api/v1/namespaces, rv=4688342 labels= fields=metadata.
name=tobedeletedb timeout=55m56.614289088s
```

- kube-controller-manager 重复获取命名空间。

```
[I0622 00:26:03.574913   1 handler.go:153] kube-aggregator: GET
"/api/v1/namespaces/tobedeletedb" satisfied by nonGoRestful
[I0622 00:26:03.574932  1 pathrecorder.go:247] kube-aggregator:
"/api/v1/namespaces/tobedeletedb" satisfied by prefix /api/
[I0622 00:26:03.574947   1 handler.go:143] kube-apiserver: GET
```

```
"/api/v1/namespaces/tobedeletedb" satisfied by gorestful with
webservice /api/v1
[I0622 00:26:03.577435  1 wrap.go:47] GET /api/v1/namespaces/
tobedeletedb: (10.412766ms) 200 [kube-controller-
manager/v1.12.6 (linux/amd64) kubernetes/8cb561c/
system:serviceaccount:kube-system:namespace-controller
192.168.0.40:52000]
[I0622 00:26:03.608310 1 handler.go:153] kube-aggregator: GET "/
api/v1/namespaces/tobedeletedb" satisfied by nonGoRestful
[I0622 00:26:03.608338 1 pathrecorder.go:247] kube-aggregator:
"/api/v1/namespaces/tobedeletedb" satisfied by prefix /api/
[I0622 00:26:03.608349 1 handler.go:143] kube-apiserver: GET "/
api/v1/namespaces/tobedeletedb" satisfied by gorestful with
webservice /api/v1
[I0622 00:26:03.613263 1 wrap.go:47] GET /api/v1/namespaces/
tobedeletedb: (5.151073ms) 200 [kube-controller-manager/v1.12.6
(linux/amd64) kubernetes/8cb561c/system:serviceaccount:kube-
system:namespace-controller 192.168.0.40:52000]
[I0622 00:26:03.639442 1 handler.go:153] kube-aggregator: GET "/
api/v1/namespaces/tobedeletedb" satisfied by nonGoRestful
[I0622 00:26:03.639464 1 pathrecorder.go:247] kube-aggregator:
"/api/v1/namespaces/tobedeletedb" satisfied by prefix /api/
[I0622 00:26:03.639473 1 handler.go:143] kube-apiserver: GET "/
api/v1/namespaces/tobedeletedb" satisfied by gorestful with
webservice /api/v1
[I0622 00:26:03.641572 1 wrap.go:47] GET /api/v1/namespaces/
tobedeletedb: (2.242154ms) 200 [kube-controller-manager/v1.12.6
(linux/amd64) kubernetes/8cb561c/system:serviceaccount:kube-
system:namespace-controller [192.168.0.40:52000]
```

Kube Controller Manager 实现了集群中的大多数 Controller，它在重复获取 tobedeletedb 的信息，基本上可以判断，是命名空间的 Controller 在获取这个命名空间的信息。

15.3 命名空间控制器的行为

和上一节类似，我们通过开启 Kube Controller Manager 最高级别日志，来研究这个组件的行为。在 Kube Controller Manager 的日志里，可以看到命名空间控制器在不断地尝试一个失败的操作，就是清理 tobedeletedb 这个命名空间里“收纳”的资源。

- 删除命名空间和其收纳的资源。

```
[I0622 00:26:03.578069     1 namespaced_resources_deleter.go:113] namespace controller - syncNamespace - namespace: tobedeletedb, finalizerToken: kubernetes
[I0622 00:26:03.578976     1 namespaced_resources_deleter.go:483] namespace controller - deleteAllContent - namespace: tobedeletedb
[I0622 00:26:03.579964     1 round trippers.go:438] GET https://192.168.0.40:6443/api?timeout=32s 200 OK in 0 milliseconds
[I0622 00:26:03.581050     1 round trippers.go:438] GET https://192.168.0.40:6443/apis?timeout=32s 200 OK in 0 milliseconds
[I0622 00:26:03.589472     1 round trippers.go:438] GET https://192.168.0.40:6443/apis/authentication.Kubernetes.io/v1beta1?timeout=32s 200 OK in 7 milliseconds
[I0622 00:26:03.589534     1 round trippers.go:438] GET https://192.168.0.40:6443/apis/metrics.Kubernetes.io/v1beta1?timeout=32s 503 Service Unavailable in 7 milliseconds
[I0622 00:26:03.602260     1 namespace_controller.go:166] Finished syncing namespace "tobedeletedb" (35.838089ms)
```

- 因为获取 server APIs 列表失败，所以不能删除命名空间。

```
[E0622 00:26:03.602298     1 namespace_controller.go:148: unable to retrieve the complete list of server APIs: metrics.Kubernetes.io/v1beta1: the server is currently unable to handle the request, servicecatalog.Kubernetes.io/v1beta1: the server is currently unable to handle the request
```

15.3.1　删除收纳盒里的资源

这里我们需要理解一点，就是命名空间作为资源的“收纳盒”，其实是逻辑意义上的概念。它并不像现实中的收纳工具，可以把小的物件收纳其中。命名空间的“收纳”实际上是一种映射关系，如图 15-2 所示。

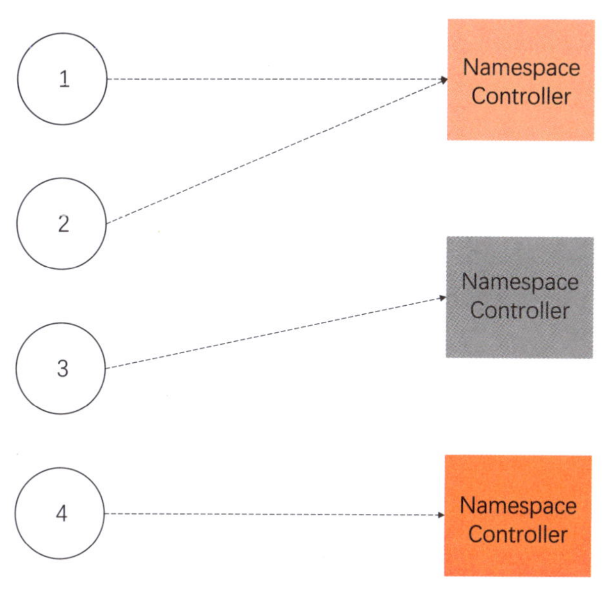

图 15-2　命名空间与资源的关系

这一点之所以重要，是因为它直接决定了删除命名空间内部资源的方法。如果是物理意义上的“收纳”，那我们只需要删除“收纳盒”，里边的资源就一并被删除了。而对于逻辑意义上的关系，我们则需要罗列所有资源，并删除那些指向需要删除的命名空间的资源。

15.3.2　API、Group、Version

怎么样罗列集群中的所有资源呢，这个问题需要从集群 API 的组织方式说起。Kubernetes 集群的 API 不是铁板一块，它是用分组 / 版本来组织的。这样做的好处显而易见，就是不同分组的 API 可以独立迭代，互不影响。常见的分组如 apps，它有 v1、v1beta1 和 v1beta2 这三个版本。完整的分组 / 版本列表，可以使用 kubectl api-versions 命令看到。

```
[root@]# kubectl api-versions | grep apps
apps/v1
apps/v1beta1
apps/v1beta2
```

我们创建的每一个资源，都必然属于某一个 API 分组 / 版本。以下面的 Ingress 为例，我们指定 Ingress 资源的分组 / 版本为 networking.Kubernetes.io/v1beta1。

```
apiVersion: networking.Kubernetes.io/v1beta1
kind: Ingress
metadata:
  name: test-ingress
spec:
  rules:
  - http:
      paths:
      - path: /testpath
        backend:
          serviceName: test
          servicePort: 80
```

我们用一个简单的图来总结 API 分组和版本的关系，如图 15-3 所示。

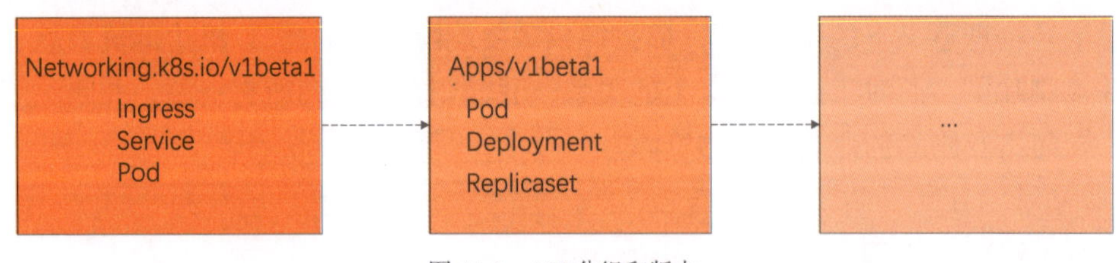

图 15-3　API 分组和版本

实际上，集群有很多 API 分组 / 版本，每个 API 分组 / 版本支持特定的资源类型。我们通过 Yaml 编排资源时，需要指定资源类型（kind），以及 API 分组 / 版本（apiVersion）。而要列出资源，我们需要获取 API 分组 / 版本的列表。

15.3.3　控制器不能删除命名空间里的资源

理解了 API 分组 / 版本的概念之后，再回头看 Kube Controller Manager 的日志，就会豁然开朗。显然命名空间的 Controller 在尝试获取 API 分组 / 版本列表，当遇到 metrics.Kubernetes.io/v1beta1 的时候，查询失败了，并且查询失败的原因是“the server is currently unable to handle the request”。

15.4　回到集群管控入口

在上一节中，我们发现 Kube Controller Manager 在获取 metrics.Kubernetes.io/v1beta1 这个 API 分组 / 版本的时候失败了。而这个查询请求，显然是发给 API Server 的。所以我们回到 API Server 日志，分析 metrics.Kubernetes.io/v1beta1 相关的记录。在相同的时间点，我们看到 API Server 也报了同样的错误“the server is currently unable to handle the request”。

- API Server 报了和命名空间控制器一样的错误。

```
[I0622 00:26:02.053417     1 round_trippers.go:438] GET https://localhost:6443/apis/metrics.Kubernetes.io/v1beta1?tmeout=32s 503 Service Unavailable in 0 milliseconds
[I0622 00:26:02.053497     1 request.go:942] Response Body: service unavailable
[E0622 00:26:02.053593     1 memcache.go:134] couldn't get resource list for metrics.Kubernetes.io/v1beta1: the server is currently unable to handle the request
```

显然这里有一个矛盾，就是 API Server 明显在正常工作，为什么在获取 metrics.Kubernetes.io/v1beta1 这个 API 分组版本的时候会返回 Server 不可用呢？为了回答这个问题，我们需要理解一下 API Server 的“外挂”机制。

集群 API Server 有扩展自己的机制，开发者可以利用这个机制，来实现 API Server 的“外挂”。这个“外挂”的主要功能，就是实现新的 API 分组 / 版本。API Server 作为代理，会把相应的 API 调用，转发给自己的“外挂”，如图 15-4 所示。

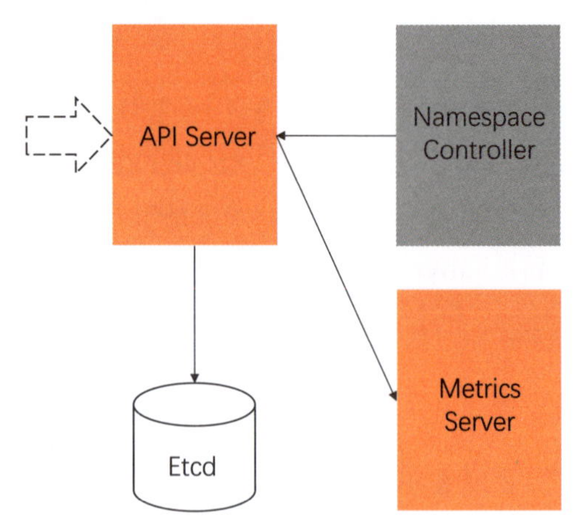

图 15-4　API Server 的扩展机制

以 Metrics Server 为例，它实现了 metrics.Kubernetes.io/v1beta1 这个 API 分组 / 版本。所有针对这个分组 / 版本的调用，都会被转发到 Metrics Server。如下面命令行输出所示，Metrics Server 的实现，主要用到一个服务和一个 Pod。

```
[root@]# kubectl get pods -n kube-system metrics-server-
77f7987bb8-7tgld
NAME                                          READY    STATUS
RESTARTS   AGE
metrics-server-77f7987bb8-7tgld         1/1        Running    0
23d
[root@]# kubectl get svc metrics-server -n kube-system
NAME                    TYPE              CLUSTER-IP        EXTERNAL-
IP   PORT(S)     AGE
metrics-server          ClusterIP         172.21.13.97      <none>
443/TCP    23d
[root@]# kubectl get apiservice v1beta1.metrics.Kubernetes.io
N A M E                                                S E R V I C E
AVAILABLE                         AGE
v1beta1.metrics.Kubernetes.io   kube-system/metrics-server
False(FailedDiscoveryCheck) 23d
```

以上命令行输出的 apiservice，则是把“外挂”和 API Server 联系起来的机制。

通过下面的 Yaml 代码可以看到这个 apiservice 的详细定义。它包括 API 分组 / 版本，以及实现了 Metrics Server 的服务名。有了这些信息，API Server 就能把针对 metrics.Kubernetes.io/v1beta1 的调用转发给 Metrics Server。

```
apiVersion: apiregistration.Kubernetes.io/v1
kind: APIService
metadata:
    annotations:
    name: v1beta1.metrics.Kubernetes.io
spec:
    group: metrics.Kubernetes.io
    service:
       name: metrics-server
       namespace: kube-system
    version: v1beta1
```

15.5　节点与 Pod 的通信

经过简单的测试，我们发现，这个问题实际上是 API Server 和 Metrics Server Pod 之间的通信问题。在阿里云 Kubernetes 集群环境里，API Server 使用的是主机网络，即 ECS 的网络，而 Metrics Server 使用的是 Pod 网络。这两者之间的通信，依赖于 VPC 路由表的转发，如图 15-5 所示。

以图 15-5 为例，如果 API Server 运行在 Node A 上，那它的 IP 地址就是 192.168.0.193。假设 Metrics Server 的 IP 是地址 172.16.8.249，那么从 API Server 到 Metrics Server 的网络连接，必须要通过 VPC 路由表第一条路由规则转发。

检查集群 VPC 路由表，发现指向 Metrics Server 所在节点的路由表项缺失，所以 API Server 和 Metrics Server 之间的通信出了问题。

为了维持集群 VPC 路由表项的正确性，阿里云在 Cloud Controller Manager 内部实现了 Route Controller。这个 Controller 在时刻监听着集群节点状态，以及 VPC 路由表状态。当发现路由表项缺失的时候，它会自动把缺失的路由表项填写回去。

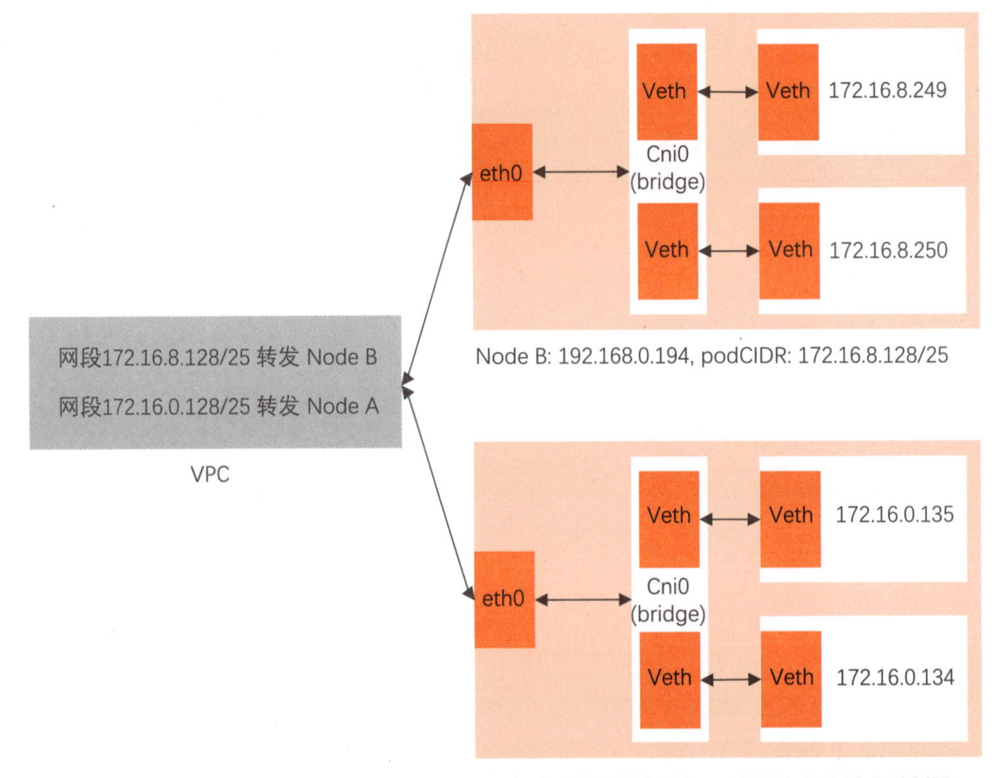

图 15-5　集群网络概览

现在的情况和预期不一致，Route Controller 显然没有正常工作，这可以通过查看 Cloud Controller Manager 日志来确认。在日志中我们发现，Route Controller 在使用集群 VPC ID 去查找 VPC 实例的时候，没有办法获取到这个实例的信息。

- 路由控制器无法获取 VPC 实例。

```
E0622 00:01:56.548498 1      route controller.go:137] Couldn't
reconcile node routes: RouteTables: alicloud: no vpc found by
id[], length(vpcs)=0
E0622 00:04:56.565436 1      route controller.go:137] Couldn't
```

```
reconcile node routes: RouteTables: alicloud: no vpc found by
id[], length(vpcs)=0
E0622  00:07:56.553308 1      route  controller.go:137] Couldn't
reconcile node routes: RouteTables: alicloud: no vpc found by
id[], length(vpcs)=0
E0622  00:10:56.650906 1      route  controller.go:137] Couldn't
reconcile node routes: RouteTables: alicloud: no vpc found by
id[], length(vpcs)=0
E0622  00:13:56.555400 1      route  controller.go:137] Couldn't
reconcile node routes: RouteTables: alicloud: no vpc found by
id[], length(vpcs)=0
E0622  00:16:56.563375 1      route  controller.go:137] Couldn't
reconcile node routes: RouteTables: alicloud: no vpc found by
id[], length(vpcs)=0
```

但是集群还在，ECS 还在，所以 VPC 不可能不在了。这一点我们可以通过 VPC ID 在 VPC 控制台确认。那下面的问题，就是为什么 Cloud Controller Manager 没有办法获取到这个 VPC 的信息。

15.6　集群节点访问云资源

Cloud Controller Manager 获取 VPC 信息，是通过阿里云开放 API 来实现的。这基本上等于从云上一台 ECS 内部获取一个 VPC 实例的信息，而这需要 ECS 有足够的权限。目前的常规做法是，为 ECS 服务器授予 RAM 角色，同时给 RAM 角色绑定相应的角色授权，如图 15-6 所示。

如果集群组件以其所在节点的身份不能获取云资源的信息，那基本上有两种可能性：一是 ECS 没有绑定正确的 RAM 角色；二是 RAM 角色绑定的 RAM 角色授权没有定义正确的授权规则。检查节点的 RAM 角色，以及 RAM 角色所管理的授权，我们发现，针对 vpc 的授权策略被改掉了，如图 15-7 所示。

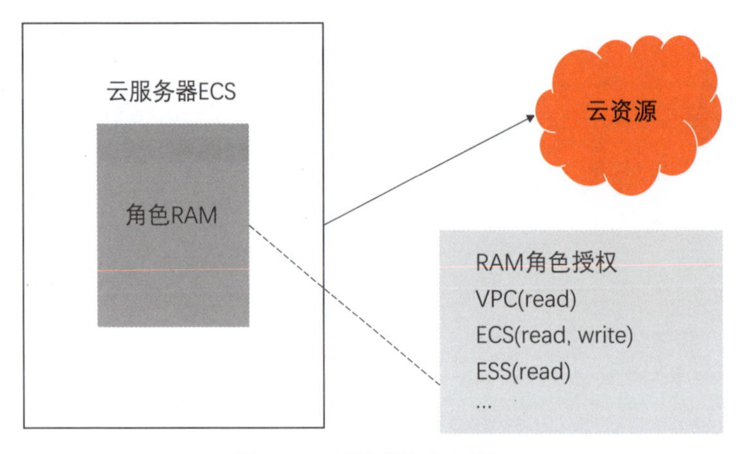

图 15-6　云服务器与角色授权

```
58          {
59              "Action": [
60                  "vpc:*"
61              ],
62              "Resource": [
63                  "*"
64              ],
65              "Effect": "Deny"
66          },
```

图 15-7　授权策略更改

当我们把 Effect 修改成 Allow 之后，没多久，所有的 Terminating 状态的 namespace 全部消失了。

```
[root@]# kubectl get ns
NAME              STATUS          AGE
catalog           Active          18d
default           Active          21d
istio-system      Active          9d
kube-public       Active          21d
kube-system       Active          21d
```

15.7　问题回顾

总体来说，这个问题与 Kubernetes 集群的六个组件有关系，分别是 API Server 及其扩展 Metrics Server、Namespace Controller、Route Controller，以及 VPC 路由表和 RAM 角色授权，如图 15-8 所示。

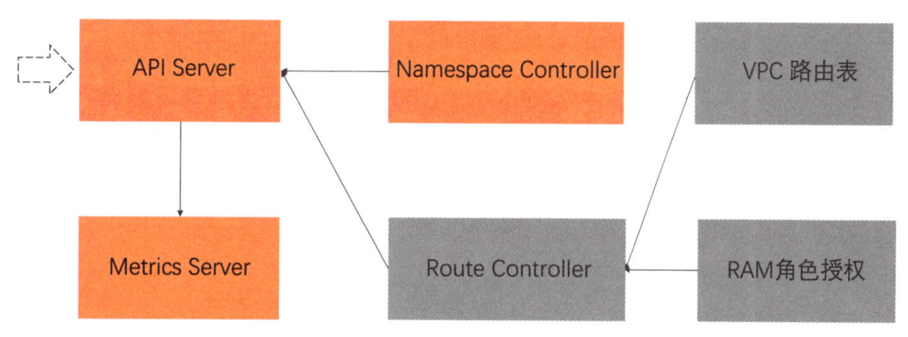

图 15-8　问题相关组件关系

通过分析前三个组件的行为，我们发现是集群网络问题导致了 API Server 无法连接到 Metrics Server；通过排查后三个组件，我们发现导致问题的根本原因是 VPC 路由表被删除且 RAM 角色授权策略被改动。

15.8　总结

Kubernetes 集群命名空间删除不掉的问题，是线上比较常见的一个问题。这个问题看起来无关痛痒，但实际上不仅复杂，而且意味着集群重要功能的缺失。本章全面分析了一个这样的问题，希望其中的排查方法和原理对大家排查类似问题有一定的帮助。

第 16 章

网络安全组加固对与错

阿里云容器产品 Kubernetes 版本（ACK）是基于阿里云 IaaS 层云资源创建的。IaaS 层资源包括云服务器（ECS）、专有网络（VPC）、弹性伸缩（ESS）等。以这些资源为基础，ACK 产品实现了 Kubernetes 集群的节点、网络、自动伸缩等组件或功能。

一般而言，用户对 ACK 产品有很高的管理权限，包括集群扩容、创建服务等。同时，用户可以绕过 ACK 产品，直接修改集群底层云资源。如释放 ECS、删除 SLB。如果不清楚这些修改可能产生的影响，则极有可能损坏集群功能。

本章会以 ACK 产品中安全组的配置管理为核心，深入讨论安全组在集群中扮演的角色、在网络链路中所处的位置，以及非法修改安全组会产生的各类问题。本章内容适用于专有集群和托管集群。

16.1 安全组扮演的角色

阿里云 ACK 产品有两种基本形态，专有集群和托管集群。这两种形态的最大差别，就是用户对 Master 的管理权限。对安全组来说，两种形态的集群略有差别，这里分开讨论。关于两种集群的架构，请参考第 1 章的图 1-2、图 1-3。

专有集群使用资源编排（ROS）模板搭建集群的主框架。其中专有网络是整个集群运行的局域网，云服务器构成集群的节点，安全组构成集群节点的出入防火墙。

另外，集群使用弹性伸缩实现动态扩缩容功能，NAT 网关作为集群的网络出口，SLB 和 EIP 实现集群 API Server 的入口。

托管集群与专有集群类似，同样使用资源编排模板搭建集群的主框架。在托管集群中，云服务器、专有网络、SLB、EIP、安全组等扮演的角色专有集群类似。

与专有集群不同的是，托管集群的 Master 系统组件以 Pod 的形式运行在管控集群里。这就是用 Kubernetes 管理 Kubernetes 的概念。

因为托管集群在用户的 VPC 里，而管控集群在阿里云管控账号的 VPC 里。所以这样的架构需要解决的一个核心问题，就是跨账号、跨 VPC 通信问题。

为了解决这个问题，此处用到类似传送门的技术。托管集群会在集群 VPC 里创建两个弹性网卡，这两个弹性网卡可以像普通云服务器一样通信。但是这两个网卡被挂载到托管集群的 API Server Pod 上，这就解决了跨 VPC 通信问题。

16.2　安全组与集群网络

上一节总结了两种形态 ACK 集群的组成原理，以及安全组在集群中所处的位置。简单来说，安全组就是管理网络出入流量的防火墙。

安全组规则对出方向的数据包基于目的地址来做限制，而对入方向的数据包则基于源地址来做限制。ACK 集群内部的通信对象包括集群节点和部署在集群上的容器组，而外部通信对象可以是任意外网地址。

云服务器没有太多特殊的地方，只是简单地连接在 VPC 局域网内的 ECS 上，而容器组 Pod 连接在基于 Veth 网口对、虚拟网桥、VPC 路由表所搭建的和 VPC 相互独立的虚拟三层网络上。

总结一下，有两种通信实体和三种通信方式，共六种通信场景，如表 16-1 所示。

表16-1

	同节点通信	跨界点通信	与外部通信
节点	与安全组无关	与安全组无关	与安全组有关
Pod	与安全组无关	与安全组无关/有关	与安全组有关

前三种场景如图 16-1 所示，以节点为通信实体之一。第一种场景是节点与其上的 Pod 通信，这种场景和安全组无关；第二种场景是节点与其他节点或 Pod 通信，在这种场景下，因为节点在相同 VPC 下，且 Pod 访问 Pod 网段以外的地址都会经过 SNAT，所以这种场景和安全组无关；第三种场景是节点与 VPC 之外的实体通信，这种情况下出入方向通信都与安全组有关。

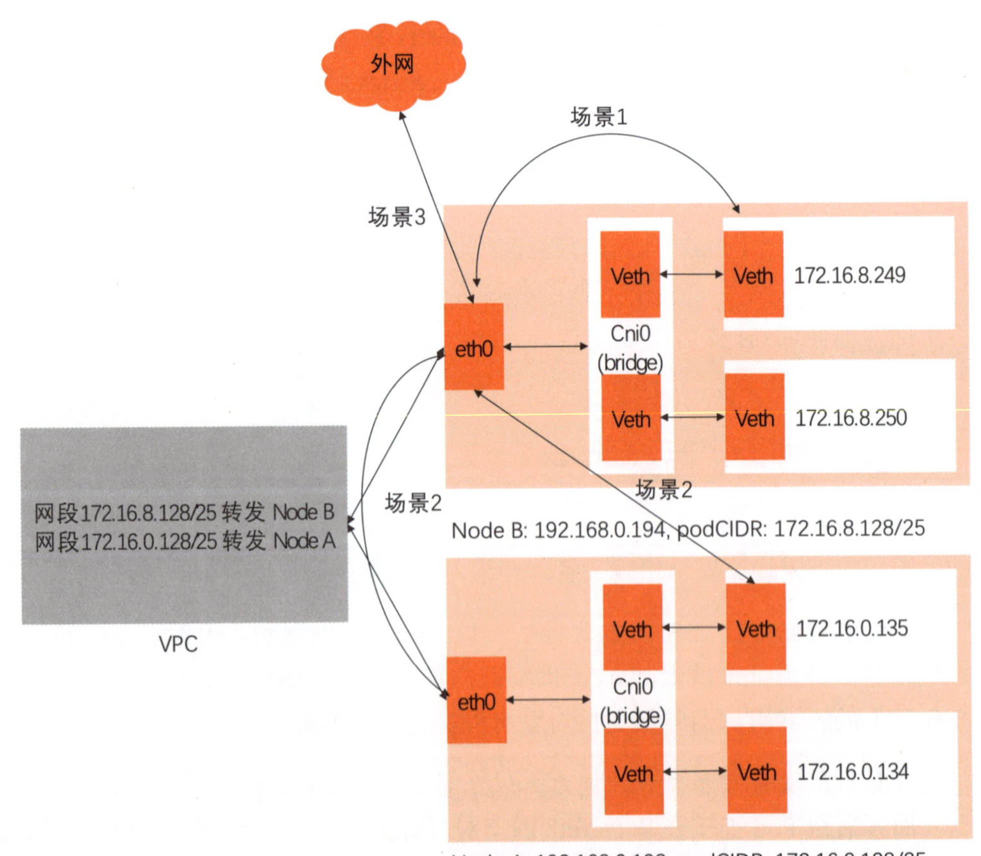

图 16-1　节点的通信

后三种场景如图 16-2 所示，以容器组 Pod 为通信实体之一。第四种场景是 Pod 在节点内部与 Pod 和 ECS 通信，这种场景和安全组无关；第五种场景是 Pod 跨节点与其他节点或 Pod 通信，这种场景下，如果源地址和目的地址都是 Pod，则需要安全组入规则放行，其他情况与场景二类似；第六种场景是 Pod 与 VPC 之外的实体通信，这与场景三类似。

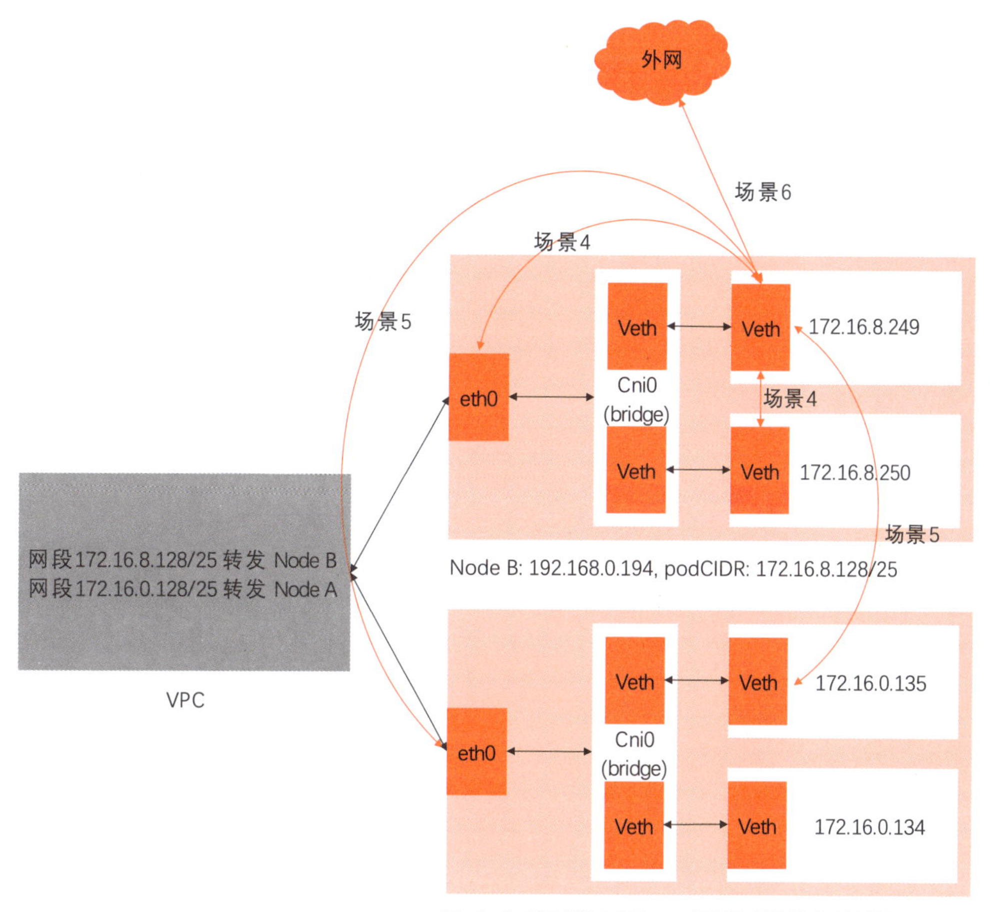

图 16-2 容器组的通信

虽然以上场景有些复杂，但是经过总结后发现，与安全组有关的通信，从根本上说只有两种情况：一种是 Pod 之间跨节点通信，另一种是节点或 Pod 与外网互访。这里的外网可以是公网，也可以是与集群互联互通的 IDC 或者其他 VPC。

16.3 怎么管理安全组规则

上一节详细分析了安全组在 ACK 集群通信的时候会涉及的场景，最后的结论是，配置 ACK 集群的安全组，只需考虑两种情况，一种是 Pod 之间跨节点通信，一种是集群和外网互访。

ACK 集群在创建的时候，默认添加了 Pod 网段放行入规则，与此同时，保持出规则对所有地址全开放。这使得 Pod 之间互访没有问题，同时 Pod 或节点可以随意访问集群以外的网络。

而在默认规则的基础上对集群安全组的配置管理，其实就是在不影响集群功能的情况下，收紧 Pod 或节点访问外网的能力，和放松集群以外网络对集群的访问限制。

下面我们分三个常见的场景来进一步分析，怎么样在默认规则的基础上进一步管理集群的安全组规则。第一个场景是限制集群访问外网，第二个场景是 IDC 与集群互访，第三个场景是使用新的安全组管理部分节点。

16.3.1 限制集群访问外网

这是非常常见的一个场景。为了在限制集群访问外网的同时不影响集群本身的功能，配置需要满足三个条件。

（1）不能限制出方向 Pod 网段。

（2）不能限制集群访问阿里云云服务的内网地址段 100.64.0.0/10。

（3）不能限制集群访问一部分阿里云云服务的公网地址。

```
ecs.cn-hangzhou.aliyuncs.com
ecs-cn-hangzhou.aliyuncs.com
vpc.cn-hangzhou.aliyuncs.com
slb.cn-hangzhou.aliyuncs.com
location-readonly.aliyuncs.com
```

```
location.aliyuncs.com
pvtz.cn-hangzhou.aliyuncs.com
cs.cn-hangzhou.aliyuncs.com
nas.cn-hangzhou.aliyuncs.com
oss-cn-hangzhou.aliyuncs.com
cr.cn-hangzhou.aliyuncs.com
metrics.cn-hangzhou.aliyuncs.com
ess.cn-hangzhou.aliyuncs.com
eci.cn-hangzhou.aliyuncs.com
alidns.cn-hangzhou.aliyuncs.com
sls.cn-hangzhou.aliyuncs.com
arms.cn-hangzhou.aliyuncs.com
```

其中第一条显而易见，第二条是为了确保集群可以通过内网访问 DNS 或者 OSS 这类服务，第三条是因为集群在实现部分功能的时候，会通过公网地址访问云服务。

16.3.2 IDC 与集群互访

对于 IDC 与集群互访这种场景，假设 IDC 和集群 VPC 之间已经通过底层的网络产品打通，IDC 内部机器和集群节点或者 Pod 之间，可以通过地址找到对方。那么在这种情况下，只需要在确保出方向规则放行 IDC 机器网段的情况下，对入规则配置放行 IDC 机器地址段即可。

16.3.3 使用新的安全组管理节点

某些时候，用户需要新增加一些安全组来管理集群节点。比较典型的用法包括把集群节点同时加入到多个安全组里，以及把集群节点分配给多个安全组管理。

如果把节点加入到多个安全组里，那么这些安全组会依据优先级，从高到低依次匹配规则，这会给配置管理增加复杂度。而把节点分配给多个安全组管理，则会出现脑裂（partition）问题，需要通过安全组之间授权或者增加规则的方式，确保集群节点之间互通。

16.4 典型问题与解决方案

前边的内容包括了安全组在 ACK 集群中所扮演的角色、安全组与集群网络，以及安全组配置管理方法。在本节中，我们基于阿里云线上海量问题的诊断经验，分享一些典型的与安全组错误配置有关系的问题和解决方案。

16.4.1 使用多个安全组管理集群节点

托管集群默认把节点 ECS 和管控 ENI（弹性网卡）放在同一个安全组里，根据安全组的特性，这保证了 ENI 和 ECS 的网卡之间在 VPC 网络平面上的互通。如果把节点从集群默认安全组里移除并纳入其他安全组的管理中，就会导致集群管控 ENI 和节点 ECS 之间无法通信。

这个问题导致的现象比较常见的有，使用 kubectl exec 命令无法进入 Pod 终端做管理，使用 kubectl logs 命令无法查看 Pod 日志等。其中 kubectl exec 命令所返回的报错比较清楚，即从 API Server 连接对应节点 10250 端口超时，这个端口的监听者就是 Kubelet。

```
[root@]# kubectl exec -ti -n kube-system nginx-ingress-controller-xxxxxxxxx-xxxxx sh
Error from server: error dialing backend: dial tcp 192.168.0.xxx:10250: i/o timeout
```

此问题的解决方案有三种：一种是将集群节点重新加入集群创建的安全组，另一种是让节点所在的安全组和集群创建的安全组之间互相授权，最后一种是在两个安全组里使用规则让节点 ECS 和管控 ENI 的地址段互相放行。

16.4.2 限制集群访问公网或运营商级 NAT 保留地址

专有或托管集群的系统组件（如 Cloud Controller Manager、Metrics Server、Cluster Auto Scaler 等）使用公网地址或运营商级 NAT 保留地址（100.64.0.0/10）访问阿里云云产品，这些产品包括但不限于负载均衡（SLB）、弹性伸缩（ESS）、对象存储（OSS）。如果安全组限制了集群访问这些地址，则会导致系统组件功能受损。

这个问题导致的现象比较常见的是，在创建服务的时候，Cloud Controller

Manager 无法访问集群节点 Metadata 并获取 Token 值。集群节点以及其上的系统组件通过节点绑定的授权角色访问云资源，如访问不到 Token，会导致权限问题。

```
[E0216 07:14:30.977928 1 clientmgr.go:116] token retrieve: role
name: Get http://100.100.100.200/latest/meta-data/ram/security-
credentials/: dial tcp 100.1 00.100.200:80: i/o timeout
```

另外一个现象是，集群无法从阿里云镜像仓库下载容器镜像，导致 Pod 无法创建。在事件日志中，有明显的访问阿里云镜像仓库时的报错，如图 16-3 所示。

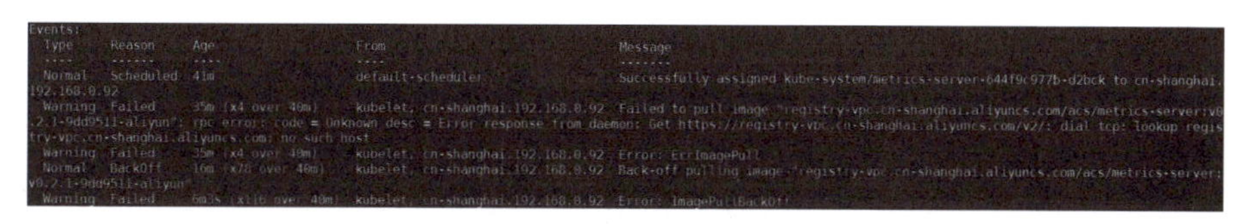

图 16-3　访问镜像仓库报错

此问题的解决方案是，在限制集群出方向的时候，确保运营商级 NAT 保留地址 100.64.0.0/10 网段以及阿里云云服务公网地址被放行。其中运营商保留地址比较容易处理，云服务公网地址比较难处理，原因有两个，一个是集群会访问多个云服务且这些云服务的公网地址有可能会更改，另一个是这些云服务可能使用 DNS 负载均衡，所以需要多次解析这些服务的 URL 找出所有 IP 地址并放行。

16.4.3　容器组跨节点通信异常

集群创建的时候，会在安全组里添加容器组网段入方向放行规则。有了这个规则，即使容器组网段和 VPC 网段不一样，容器组在跨节点通信的时候，也不会受到安全组的限制。如果这个默认规则被移除，那么容器组跨节点通信会失败，进而使得多种集群基础功能受损。

这个问题导致的现象比较常见的有，容器组 DNS 解析失败、容器组访问集群内部其他服务异常等。如图 16-4 所示，在容器组网段规则被移除之后，从磁盘控制器里访问阿里云主页则无法解析域名，telnet CoreDNS 的地址不通。地址之所以可以访问，是因为安全组默认放行了所有 ICMP 数据。

```
[root@iZuf6b6l253njp6xwsb7voZ ~]# kubectl get pods -n kube-system -o wide | grep dns
coredns-8494f7d9f6-gw2xd                    1/1     Running     0          4d4h    172.20.1.3     cn-shanghai.192.168.0.90   <none>           <none>
coredns-8494f7d9f6-stkmm                    1/1     Running     0          4d4h    172.20.1.2     cn-shanghai.192.168.0.90   <none>           <none>
[root@iZuf6b6l253njp6xwsb7voZ ~]# kubectl exec -ti -n kube-system alicloud-disk-controller-7476ff6bc4-qqqvt sh
/ # ping www.aliyun.com
ping: bad address 'www.aliyun.com'
/ # ping 172.20.1.3
PING 172.20.1.3 (172.20.1.3): 56 data bytes
64 bytes from 172.20.1.3: seq=0 ttl=62 time=0.260 ms
64 bytes from 172.20.1.3: seq=1 ttl=62 time=0.239 ms
^C
--- 172.20.1.3 ping statistics ---
2 packets transmitted, 2 packets received, 0% packet loss
round-trip min/avg/max = 0.239/0.249/0.260 ms
/ # telnet 172.20.1.3 53
^C
/ #
```

图 16-4　DNS 解析失败

此问题的解决方案比较简单，就是重新把容器组地址段加入安全组。这类问题的难点在于，其引起的问题非常多，现象千奇百怪，所以从问题的现象定位到容器组跨节点通信，是解决问题的关键一步。

16.5　总结

本章从三个方面深入讨论了阿里云 ACK 产品安全组配置管理。这三个方面分别是安全组在集群中扮演的角色、安全组与集群网络，以及常见问题和解决方案。

同时，通过分析可以看到 ACK 产品安全组配置管理的三个重点，分别是集群的外网访问控制、集群容器组之间跨节点访问，以及集群使用多个安全组管理。与这三个重点对应的，就是三类常见的问题。

以上总结会在集群创建之前和创建之后，对集群安全组的规划管理有一定指导意义。

第 17 章

网格应用存活状态异常

Istio is the future（网格就是未来）！基本上，如果对云原生技术趋势有所判断的话，我们肯定会得出这个结论。

判断背后的逻辑其实比较简单，当 Kubernetes 成为容器化应用调度编排领域事实上的标准之后，其扮演的角色将会迅速成为集群的操作系统，像 Linux 一样无处不在。

随着 Kubernetes 集群所承载的微服务化应用的复杂化，服务治理将被提出更高的要求。

Kubernetes 本身实现的服务模型虽然比较易用，但在应对复杂场景方面，显然是能力不足的。特别是在链路追踪、熔断等方面。而传统的微服务框架（如 Spring Cloud 和 Dubbo）虽然相对比较成熟，但服务网格把服务治理和应用本身解耦，确确实实给此领域带来了更优秀的思路。

Istio 作为服务网格的典型实现，某种程度上已经成为网络技术事实上的标准。在本章中我们将分享一个 Istio 的案例，并借此和大家讨论一下网格技术背后的逻辑，以及阿里云服务网格（ASM）的基本原理。

17.1 在线一半的微服务

问题是这样的：用户在自己的测试集群里安装了 Istio，并依照官方文档部署 bookinfo 应用。部署之后，用户执行 kubectl get pods 命令，发现所有的 Pod 都只有二分之一个容器是 Ready 的。

```
# kubectl get pods
NAME                                  READY   STATUS   RESTARTS   AGE
details-v1-68868454f5-94hzd           1/2     Running  0          1m
productpage-v1-5cb458d74f-28nlz       1/2     Running  0          1m
ratings-v1-76f4c9765f-gjjsc           1/2     Running  0          1m
reviews-v1-56f6855586-dplsf           1/2     Running  0          1m
reviews-v2-65c9df47f8-zdgbw           1/2     Running  0          1m
reviews-v3-6cf47594fd-cvrtf           1/2     Running  0          1m
```

如果从来都没有注意过 Ready 这一列的话，我们大概会有两个疑惑："2" 在这里是什么意思？"1/2" 到底意味着什么？

简单来讲，这里的 Ready 列，给出的是每个 Pod 内部容器的 readiness，即就绪状态。每个集群节点上的 Kubelet 会根据容器本身 readiness 规则的定义，分别以 tcp、http 或 exec 的方式，来确认对应容器的 readiness 情况。

更具体一点，Kubelet 作为运行在每个节点上的进程，以 tcp/http 的方式（从节点网络命名空间到 Pod 网络命名空间）访问容器定义的接口，或者在容器的命名空间里执行 exec 定义的命令，来确定容器是否就绪，如图 17-1 所示。

这里的 "2" 说明这些 Pod 里都有两个容器，"1/2" 则表示每个 Pod 里只有一个容器是就绪的，即通过 readiness 测试的。关于 "2" 这一点，我们下一节会深入讲，这里我们先看一下，为什么所有的 Pod 里都有一个容器没有就绪。

使用 kubectl 工具拉取第一个 details pod 的编排模板，可以看到这个 Pod 里的两个容器只有一个定义了 readiness probe。对于未定义 readiness probe 的容器，Kubelet 认为，只要容器里的进程开始运行，容器就进入就绪状态了。所以 1/2 个就绪 Pod 意味着，有定义了 readiness probe 的容器没有通过 Kubelet 的测试。

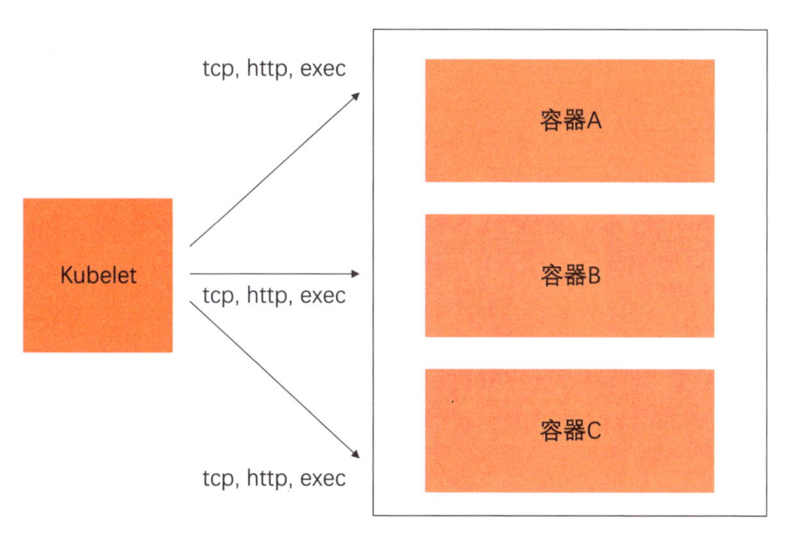

图 17-1　Kubelet 健康检查机制

没有通过 readiness probe 测试的是 istio-proxy 这个容器。它的 readiness probe 规则定义如下。

```
readinessProbe:
  failureThreshold: 30
  httpGet:
    path: /healthz/ready
    port: 15020
    scheme: HTTP
  initialDelaySeconds: 1
  periodSeconds: 2
  successThreshold: 1
  timeoutSeconds: 1
```

我们登录这个 Pod 所在的节点，用 curl 工具来模拟 Kubelet 访问下面的 URI，测试 istio-proxy 的就绪状态。

```
# curl http://172.16.3.43:15020/healthz/ready -v
* About to connect() to 172.16.3.43 port 15020 (#0)
*   Trying 172.16.3.43...
* Connected to 172.16.3.43 (172.16.3.43) port 15020 (#0)
```

```
> GET /healthz/ready HTTP/1.1
> User-Agent: curl/7.29.0
> Host: 172.16.3.43:15020
> Accept: */*
>
< HTTP/1.1 503 Service Unavailable
< Date: Fri, 30 Aug 2019 16:43:50 GMT
< Content-Length: 0
<
* Connection #0 to host 172.16.3.43 left intact
```

17.2 认识服务网格

上一节我们描述了问题的现象，但是留下一个问题，就是 Pod 里的容器个数为什么是 2。虽然每个 Pod 本质上至少有两个容器，一个是占位符容器 pause，另一个是真正的工作容器，但是我们在使用 kubectl 命令获取 Pod 列表的时候，Ready 列是不包括 pause 容器的。

这里的另外一个容器，其实就是服务网格的核心概念 sidecar。其实把这个容器叫作 sidecar，某种意义上是不能反映这个容器的本质的。从本质上来说，sidecar 容器是反向代理，如图 17-2 所示，它本来是一个 Pod 访问其他服务后端 Pod 的负载均衡。

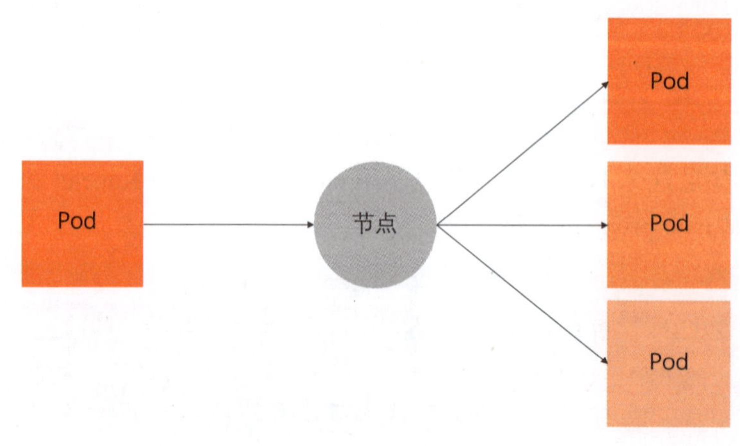

图 17-2 服务网格局部视角

然而，当我们让集群中的每一个 Pod 都“随身”携带一个反向代理的时候，Pod 和反向代理就变成了服务网格，正如图 17-3 这张经典大图所示。

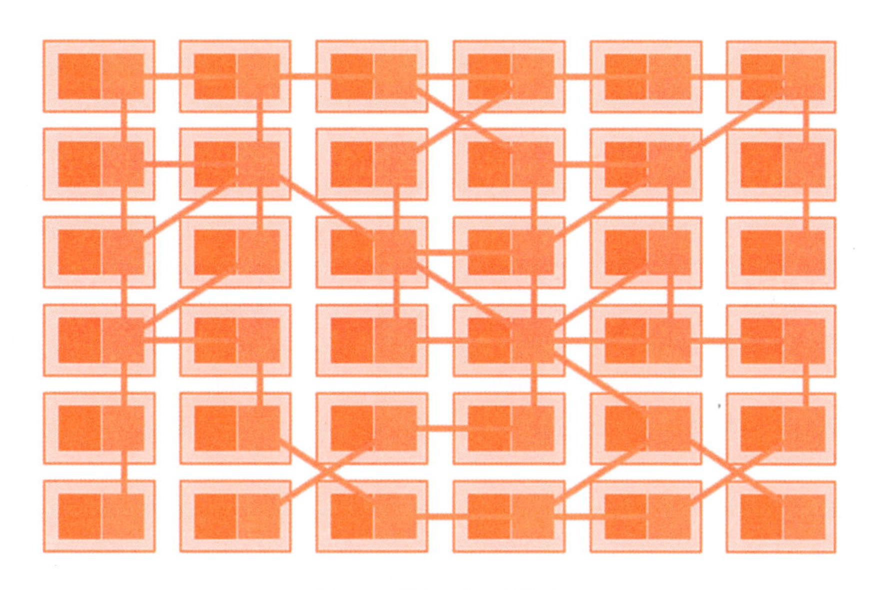

图 17-3　服务网格全局视角

所以 sidecar 模式其实是“自带通信员”模式。有趣的是，在我们把 sidecar 和 Pod 绑定在一起的时候，sidecar 在出流量转发时扮演着反向代理的角色，而在入流量接收的时候，可以做一些超过反向代理职责的一些事情。

Istio 在 Kubernetes 基础上实现了服务网格，Isito 使用的 sidecar 容器就是 17.1 节提到的没有就绪的容器。所以这个问题其实就是，服务网格内部所有的 sidecar 容器都没有就绪。

17.3　代理与代理的生命周期管理

在上一节中我们看到，Istio 中的每个 Pod，都自带了反向代理 sidecar。我们遇到的问题是，所有的 sidecar 都没有就绪。我们也看到 readiness probe 定义的，判断 sidecar 容器就绪的方式就是访问下面这个接口。

```
http://<pod ip>:15020/healthz/ready
```

接下来，我们深入理解一下 Pod，以及其 sidecar 的组成和原理。在服务网格里，一个 Pod 内部除了本身处理业务的容器之外，还有 istio-proxy 这个 sidecar 容器。正常情况下，istio-proxy 会启动两个进程，pilot-agent 和 Envoy。

如图 17-4 所示，Envoy 是实际上负责流量管理等功能的代理，从业务容器出、入的数据流，都必须经过 Envoy；而 pilot-agent 负责维护 Envoy 的静态配置，并且管理 Envoy 的生命周期。这里的动态配置部分，我们在下一节中会展开来讲。

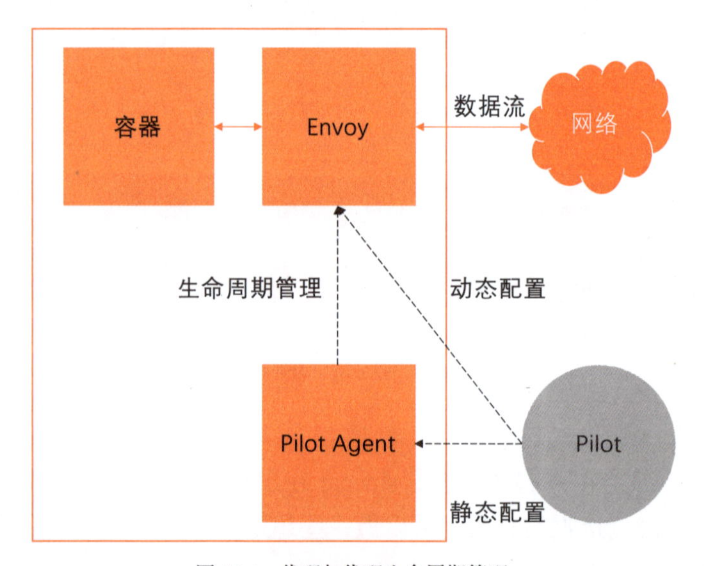

图 17-4　代理与代理生命周期管理

我们可以使用下面的命令进入 Pod 的 istio-proxy 容器做进一步排查。这里的一个小技巧是，我们可以以用户 1337 身份，使用特权模式进入 istio-proxy 容器，如此就可以使用 iptables 等只能在特权模式下运行的命令。

```
docker exec -ti -u 1337 --privileged <istio-proxy container id> bash
```

这里的用户 1337，其实是 sidecar 镜像里定义的一个同名用户 istio-proxy，默认 sidecar 容器使用这个用户。如果我们在以上命令中不使用用户选项 u，则特权模式实际上是赋予 root 用户的，所以我们在进入容器之后，需切换为 root 用户执行特权命令。

进入容器之后，我们使用 netstat 命令查看监听，我们会发现，监听 readiness probe 端口 15020 的，其实是 pilot-agent 进程。

```
istio-proxy@details-v1-68868454f5-94hzd:/$ netstat -lnpt
Active Internet connections (only servers)
Proto Recv-Q Send-Q Local Address      Foreign Address       State
PID/Program name
tcp        0      0 0.0.0.0:15090      0.0.0.0:*             LISTEN
19/envoy
tcp        0      0 127.0.0.1:15000    0.0.0.0:*             LISTEN
19/envoy
tcp        0      0 0.0.0.0:9080       0.0.0.0:*             LISTEN
-
tcp6       0      0 :::15020           :::*                  LISTEN
1/pilot-agent
```

我们在 istio-proxy 内部访问 readiness probe 接口，一样会得到“503”的错误。

17.4　就绪检查的实现

了解了 sidecar 的代理，以及管理代理生命周期的 pilot-agent 进程，我们可以稍微思考一下 pilot-agent 应该怎么去实现 healthz/ready 这个接口。显然，如果这个接口返回 OK 的话，那不仅意味着 pilot-agent 是就绪的，而且必须确保代理工作正常。

实际上 pilot-agent 就绪检查接口的实现正是如此，如图 17-5 所示。这个接口在收到请求之后，会去调用代理 Envoy 的 server_info 接口。调用所使用的 IP 地址是 localhost。这非常好理解，因为这是同一个 Pod 内部进程通信。使用的端口是 Envoy 的 proxyAdminPort，即 15000。

图 17-5　代理就绪检查机制的实现

有了以上的知识准备之后，我们来看一下 istio-proxy 这个容器的日志。实际上，在容器日志里，一直在重复输出一个报错。这个报错分为两部分，其中 Envoy proxy is NOT ready 部分是 pilot agent 在响应 healthz/ready 接口的时候输出的信息，即 Envoy 代理没有就绪；而剩下的 config not received from Pilot (is Pilot running?): cds updates: 0 successful, 0 rejected; lds updates: 0 successful, 0 rejected 这部分，是 pilot-agent 通过 proxyAdminPort 访问 server_info 的时候带回的信息，看来 Envoy 没有办法从 Pilot 获取配置。

```
Envoy proxy is NOT ready: config not received from Pilot (is
Pilot running?): cds updates: 0 successful, 0 rejected; lds
updates: 0 successful, 0 rejected.
```

到这里，建议大家回头看下上一节的图 17-4，在上一节我们选择性忽略了从 Pilot 到 Envoy 这条虚线，即动态配置。这里的报错，实际上是 Envoy 从控制面 Pilot 获取动态配置失败。

17.5　控制面和数据面

到目前为止，这个问题其实已经很清楚了。在进一步分析问题之前，我们简单聊一下对控制面和数据面的理解。控制面和数据面模式，可以说无处不在，我们举两个极端的例子。

第一个例子，是 DHCP 服务器。我们都知道，在局域网中的电脑，可以通过配置 DHCP 来获取 IP 地址，在这个例子中，DHCP 服务器统一管理，动态分配 IP 地址给网络中的电脑，这里的 DHCP 服务器就是控制面，而每个动态获取 IP 的电脑就是数据面。

第二个例子，是电影剧本和电影的演出。剧本可以认为是控制面，而电影的演出，包括演员的每一句对白、电影场景布置等，都可以看作数据面。

之所以认为这是两个极端，是因为在第一个例子中，控制面仅仅影响了电脑的一个属性，而在第二个例子中，控制面几乎是数据面的一个完整的抽象和拷贝，影响数据面的方方面面。Istio 服务网格的控制面是比较接近第二个例子的情况，如图 17-6 所示。

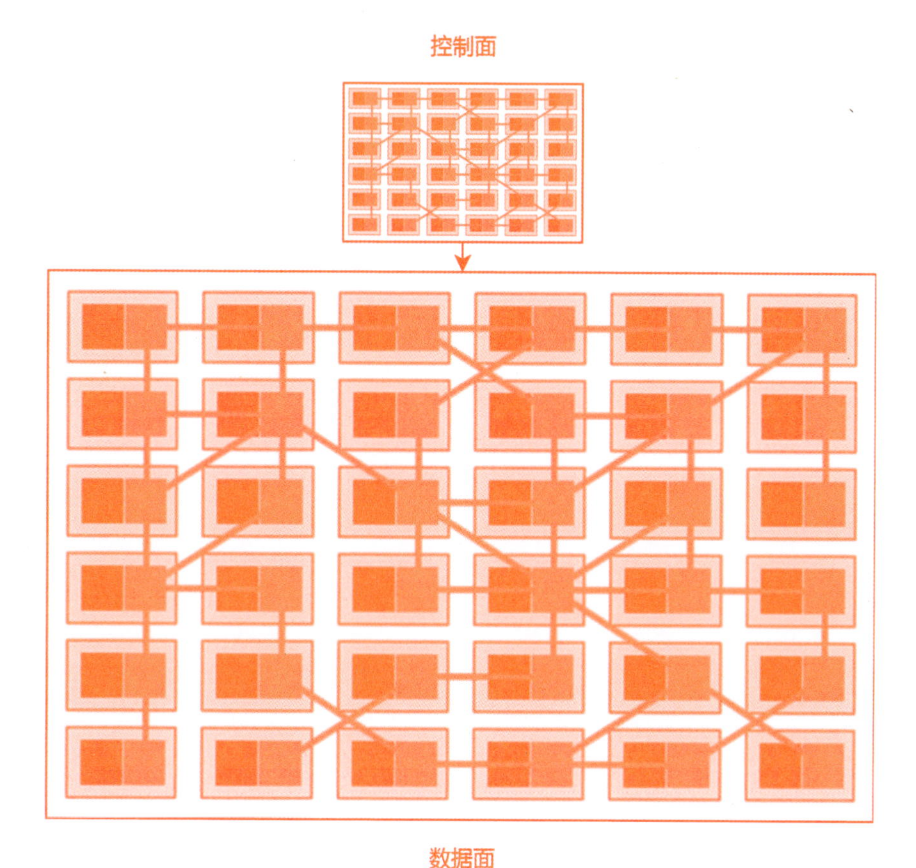

图 17-6　控制面和数据面

Istio 的控制面 Pilot 使用 gRPC 协议对外暴露接口 istio-pilot.istio-system:15010，而 Envoy 无法从 Pilot 处获取动态配置的原因是，在所有的 Pod 中，集群 DNS 都无法使用。

17.6　简单的原因

这个问题的原因其实比较简单，在 sidecar 容器 istio-proxy 里，Envoy 不能访问 Pilot 的原因是集群 DNS 无法解析 istio-pilot.istio-system 这个服务名字。在容器里看到 resolv.conf 配置的 DNS 服务器地址是 172.19.0.10，这个是集群默认的 kube-dns 服务地址。

```
istio-proxy@details-v1-68868454f5-94hzd:/$ cat /etc/resolv.conf
nameserver 172.19.0.10
search default.svc.cluster.local svc.cluster.local cluster.
local localdomain
```

但是客户删除、重建了 kube-dns 服务，且没有指定服务 IP 地址，这实际上导致集群 DNS 的地址改变了，这也是所有的 sidecar 都无法访问 Pilot 的原因。

```
# kubectl get svc -n kube-system
NAME       TYPE        CLUSTER-IP    EXTERNAL-IP  PORT(S)         AGE
kube-dns   ClusterIP   172.19.9.54   <none>       53/UDP,53/TCP   5d
```

最后，通过修改 kube-dns 服务，指定 IP 地址，sidecar 恢复正常。

```
# kubectl get pods
NAME                               READY  STATUS    RESTARTS   AGE
details-v1-68868454f5-94hzd        2/2    Running   0          6d
nginx-647d5bf6c5-gfvkm             2/2    Running   0          2d
nginx-647d5bf6c5-wvfpd             2/2    Running   0          2d
productpage-v1-5cb458d74f-28nlz    2/2    Running   0          6d
ratings-v1-76f4c9765f-gjjsc        2/2    Running   0          6d
reviews-v1-56f6855586-dplsf        2/2    Running   0          6d
reviews-v2-65c9df47f8-zdgbw        2/2    Running   0          6d
reviews-v3-6cf47594fd-cvrtf        2/2    Running   0          6d
```

17.7 阿里云服务网格（ASM）介绍

从以上案例可以看出，Istio 在提供了强大的服务治理等功能的同时，对工程师的运维开发带来了一定程度的挑战。

阿里云服务网格（Alibaba Cloud Service Mesh，简称 ASM）提供了一个全托管式的服务网格平台，极大地减轻了开发与运维人员的工作负担。

如图 17-7 所示，在阿里云 ASM 中，Istio 控制平面的组件全部托管，降低您使用的复杂度，您只需要专注于业务应用的开发部署。同时，保持与 Istio 社区的兼容，支持声明式的方式定义灵活的路由规则，支持网格内服务之间的统一流量管理。

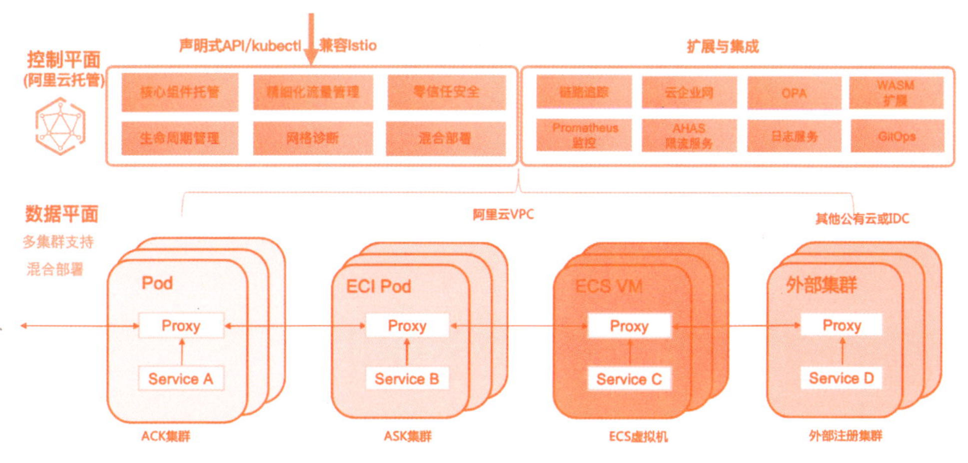

图 17-7　阿里云服务网格

从能力上来看，一个托管了控制平面的 ASM 实例可以支持来自多个 Kubernetes 集群的应用服务或者运行于 ECI Pod 上的应用服务。也可以把一些非 Kubernetes 服务（例如运行于虚拟机或物理裸机中的服务）集成到同一个服务网格中。

17.8　总结

这个案例的结论是比较简单的。基于对 Istio 的深入理解，问题排查的耗时也并不是很久，但整理这章内容，却有一种看《长安十二时辰》的感觉：排查过程虽短，写完背后的原理和前因后果却花了好几个小时。

总之，希望本章的案例分析对大家理解服务网格技术有所帮助，同时希望阿里云服务网格可以帮助大家使服务网格类产品快速落地。

第 18 章

网格自签名根证书过期

本章内容根据一个线上真实案例的诊断过程总结而来。问题的现象是，用户的某一个 Kubernetes 集群节点重启之后，无法成功创建 Istio 虚拟服务和应用 Pod。诊断过程较为曲折，有一定参考价值。

这个问题实际上和 Citadel 证书系统相关，证书问题导致新业务无法部署，给用户带来不便。值得庆幸的是，在阿里云几位工程师的通力合作下，问题得到了快速的解决。

我们在总结问题排查经验的同时，会深入解释 Citadel 证书体系，期望帮忙读者理解 Istio 证书体系和解决 Istio 证书相关疑难问题。

18.1 连续重启的 Citadel

Citadel 是 Istio 的证书分发中心。证书即某个实体的身份证明，可以直接代表实体本身参与信息交流活动。Citadel 作为证书分发中心，负责服务网格中每个服务身份证书的创建任务，以保障服务之间安全交流。

在处理问题之始，我们观察到的第一个现象是，Citadel 再也无法启动了。这直接导致集群无法创建新的虚拟服务和 Pod 实例。观察 Citadel，发现其连续重启，并输出以下报错信息。

```
2019-11-22T02:40:34.814547Z warn Neither --kubeconfig nor -maste
r was specified.  Using the inClusterConfig.  This might not w
ork.
2019-11-22T02:40:34.815408Z info Use self-signed certificate
as the CA certificate
2019-11-22T02:40:34.840128Z error Failed to create a self-
igned Citadel (error: [failed to create CA KeyCertBundle (can
not verify the cert with the provided root chain and cert pool)])
```

通过代码分析以及最后一行的报错，可以推出问题背后的逻辑：Citadel 不能启动，是因为其无法创建自签名的证书（Failed to create a self-signed Citadel）。

而 Citadel 无法创建自签名证书的原因，是它不能创建密钥和证书（failed to create CA KeyCertBundle）。

以上两点的根本原因，是在验证创建的自签名证书的时候验证失败（cannot verify the cert with the provided root chain and cert pool）。

18.2　一般意义上的证书验证

证书的签发关系，会把证书连接成一棵证书签发关系树，如图 18-1 所示。顶部是根证书，一般由可信第三方持有，根证书都是自签名的，即其不需要其他机构来对其身份提供证明。其他层级的 CA 证书，都是由上一层的 CA 证书签发的。最底层的证书，是给具体应用使用的证书。

验证这棵“树”上的证书，分两种情况。

- 根证书验证。因为根证书既是签发者，又是被签发者，所以根证书验证只需要提供根证书本身，一般都能验证成功。
- 其他证书验证。需要提供证书本身，以及其上层的所有 CA 证书，包括根证书。

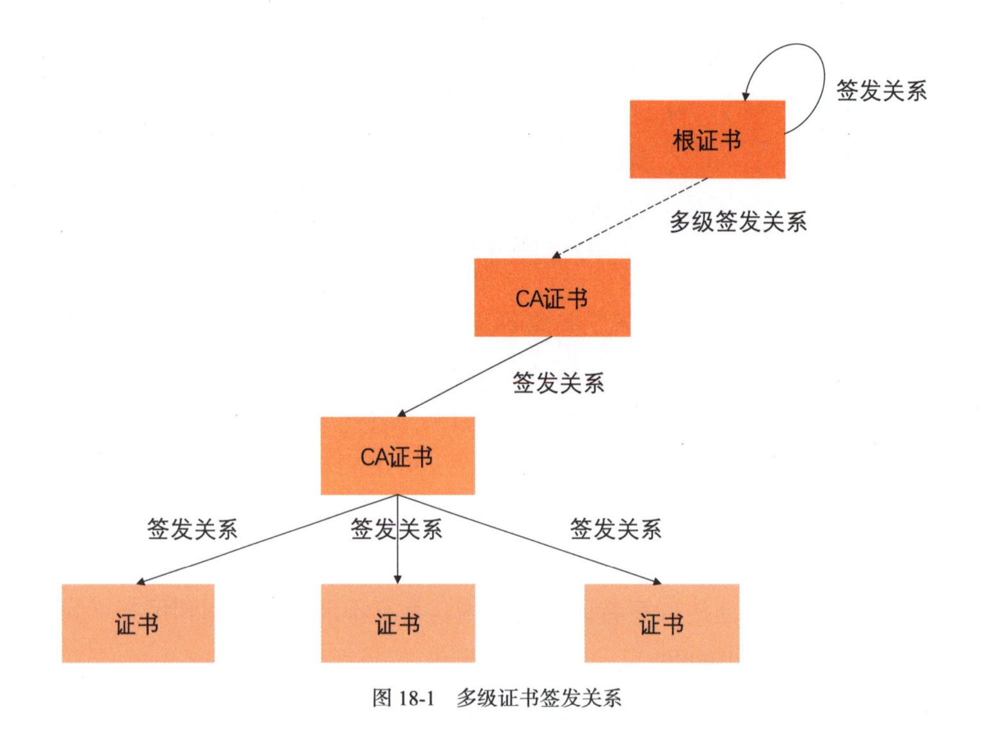

图 18-1　多级证书签发关系

18.3　自签名证书验证失败

从报错可以看出，Citadel 启动失败的根本原因，是其创建的自签名证书无法通过验证。这一点其实很矛盾，因为对于新建的自签名证书来说，CA 就是它自己，是不应该验证失败的。

18.4　大神定理

有一条“定理”，就是有些问题我们绞尽脑汁，耗费大量时间也无法解决，但求助于资深的专家，可能只需要几分钟的时间就能解决。在本章问题的处理过程中，这条“真理”再次被验证。

因为实在想不通上面的逻辑，所以我请教了一位资深的专家。他看了一下报错，判断这是 CA 证书过期问题。使用 Istio 官方提供的证书验证脚本 root-transition.sh，很快证实了他的判断。

18.5　Citadel 证书体系

问题解决了，这里总结一下 Citadel 证书体系。大多数用户使用 Isito 的时候，都会选择使用自签名的根证书。如图 18-2 所示，自签名根证书、证书，以及证书使用者 sidecar 三者之间有三种关系。

- 根证书和证书之间的签发关系。这种关系，保证了信任的传递性质。
- 证书和 sidecar 之间的持有和被持有关系。从某种意义上说，这是在 Pod/sidecar 和证书之间画上了等号。
- 根证书和 sidecar 之间的信任关系。与前两种关系一起考虑，sidecar 信任根证书签发的所有证书。

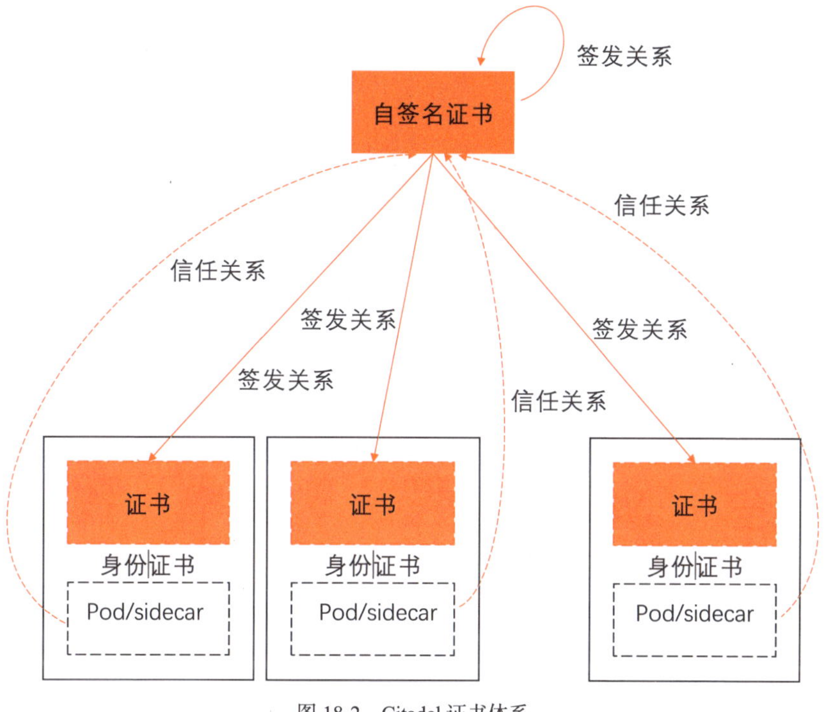

图 18-2　Citadel 证书体系

以上三条即可保证，在互相通信的时候，Pod/sidecar 之间可以成功完成 TLS 双向认证。

18.6 经验

对这个问题的排查过程，告诉我们两条经验。

一条是，很多工程师写的代码，报错很容易词不达意。这个问题的报错，说的是“创建”证书失败，但实际上代码用的是验证集群已有 CA 证书的逻辑，所以我们排查问题时，需要特别留意这一点。

另一条是，不要放过任何一条相关信息，也就是我经常说的，“Every single bit matters”。这个问题实际上有另外一条线索，就是 Pod 和虚拟服务创建失败，其报错有更明显的提示信息。

```
virtualservices.networking.istio.io "xxxx" could not be
patched: Internal error occurred: failed calling admission
webhook "pilot.validation.istio.io": Post https://istio-galley.
istio-system.svc:443/admitpilot?timeout=30s: x509: certificate
has expired or is not yet valid.
```

18.7 总结

在 Istio 比较早期的版本中，自签名 CA 证书有效期只有一年时间，如果使用老版本 Istio 超过一年，就会遇到这个问题。当证书过期之后，我们创建新的虚拟服务或者 Pod，都会因为 CA 证书过期而失败。而这时如果要重启 Citadel，它会读取过期证书并验证其有效性，就会出现以上 Cidatel 不能启动的问题。

这个 CA 证书在 Kubernetes 集群中是以 istio-ca-secret 命名的 Secret，我们可以使用 openssl 解码证书来查看有效期。这个问题比较简单的处理方法，就是删除这个 Secret，并重启 Citadel，这时 Citadel 会转而采用新建和验证自签名 CA 证书的逻辑并刷新 CA 证书。我们也可以参考官方网站页面 extending self-signed certificate lifetime 中的方式进行处理。

附录 A 本书插图索引

附录 B　本书部分缩略语

简称	全称	释义
CICD	Continuous Integration, Delivery & Deployment	持续集成、交付和部署
ECI	Elastic Container Instance	弹性容器实例
CNI	Container Network Interface	容器网络接口
CRD	Custom Resource Definition	扩展资源定义
ENI	Elastic Network Interface	弹性网卡
CIDR	Classless Inter-Domain Routing	无类别域间路由
ESS	Elastic Scaling Service	弹性伸缩服务
CA	Certificate Authority	可信第三方
NAT	Network Address Translation	网络地址转换
DNAT	Destination Network Address Translation	目的网络地址转换
PVC	Persistent Volume Claim	持久化存储卷声明
PV	Persistent Volume	持久化存储卷
SC	Storage Class	存储类
CSI	Container Storage Interface	容器存储接口
SNAT	Source Network Address Translation	源网络地址转换
SLB	Server Load Balancer	负载均衡
ECS	Elastic Compute Service	云服务器
VPC	Virtual Private Cloud	专有网络
DNS	Domain Name System	域名系统
ROS	Resource Orchestration Service	资源编排服务
OSS	Object Storage Service	对象存储服务
ASM	Alibaba Cloud Service Mesh	阿里云服务网格
ACK	Alibaba Cloud Container Service for Kubernetes	阿里云容器服务 Kubernetes 版